林业碳汇知识读本

Basic Knowledge of Forest Carbon Sequestration

何 宇 陈叙图 苏 迪 编著

中国林业出版社

图书在版编目(CIP)数据

林业碳汇知识读本 / 何宇,陈叙图,苏迪编著. —北京:中国林业出版社,2016.5
(碳汇中国系列丛书)
ISBN 978-7-5038-8527-3

Ⅰ.①林… Ⅱ.①何…②陈…③苏… Ⅲ.①森林-二氧化碳-资源管理-研究-中国 Ⅳ.①S718.5

中国版本图书馆 CIP 数据核字(2016)第 097638 号

中国林业出版社
责任编辑:李 顺
出版咨询:(010)83143569

出版:中国林业出版社(100009 北京西城区德内大街刘海胡同 7 号)
网站:http://lycb.forestry.gov.cn
印刷:北京卡乐富印刷有限公司
发行:中国林业出版社
电话:(010)83143500
版次:2017 年 1 月第 1 版
印次:2017 年 1 月第 1 次
开本:787mm×960mm 1/16
印张:7.25
字数:200 千字
定价:50.00 元

"碳汇中国"系列丛书编委会

主　　任：张建龙

副 主 任：张永利　彭有冬

顾　　问：唐守正　蒋有绪

主　　编：李怒云

副 主 编：金　旻　周国模　邵权熙　王春峰
　　　　　　苏宗海　张柏涛

成　　员：李金良　吴金友　徐　明　王光玉
　　　　　　袁金鸿　何业云　王国胜　陆　霁
　　　　　　龚亚珍　何　宇　施拥军　施志国
　　　　　　陈叙图　苏　迪　庞　博　冯晓明
　　　　　　戴　芳　王　珍　王立国　程昭华
　　　　　　高彩霞　John Innes

总 序

进入 21 世纪,国际社会加快了应对气候变化的全球治理进程。气候变化不仅仅是全球环境问题,也是世界共同关注的社会问题,更是涉及各国发展的重大战略问题。面对全球绿色低碳经济转型的大趋势,各国政府和企业和全社会都在积极调整战略,以迎接低碳经济的机遇与挑战。我国是世界上最大的发展中国家,也是温室气体排放增速和排放量均居世界第一的国家。长期以来,面对气候变化的重大挑战,作为一个负责任的大国,我国政府积极采取多种措施,有效应对气候变化,在提高能效、降低能耗等方面都取得了明显成效。

森林在减缓气候变化中具有特殊功能。采取林业措施,利用绿色碳汇抵销碳排放,已成为应对气候变化国际治理政策的重要内容,受到世界各国的高度关注和普遍认同。自 1997 年《京都议定书》将森林间接减排明确为有效减排途径以来,气候大会通过的巴厘路线图、哥本哈根协议等成果文件,都突出强调了林业增汇减排的具体措施。特别是在去年底结束的联合国巴黎气候大会上,林业作为单独条款被写入《巴黎协定》,要求 2020 年后各国采取行动,保护和增加森林碳汇,充分彰显了林业在应对气候变化中的重要地位和作用。长期以来,我国政府坚持把发展林业作为应对气候变化的有效手段,通过大规模推进造林绿化、加强森林经营和保护等措施增加森林碳汇。据统计,近年来在全球森林资源锐减的情况下,我国森林面积持续增长,人工林保存面积达 10.4 亿亩,居全球首位,全国森林植被总碳储量达 84.27 亿吨。联合国粮农组织全球森林资源评估认为,中国多年开展的大规模植树造林和天然林资源保护,对扭转亚洲地区森林资源下降趋势起到了重要支持作用,为全球生态安全和应对气候变化做出了积极贡献。

国家林业局在加强森林经营和保护、大规模推进造林绿化的同时,从 2003 年开始,相继成立了碳汇办、能源办、气候办等林业应对气候变化管理机构,制定了林业应对气候变化行动计划,开展了碳汇造林试点,建立了全国碳汇计量监测体系,推动林业碳汇减排量进入碳市场交易。同时,广泛宣传普及林业应对气候变化和碳汇知识,促进企业捐资造林自愿减排。为进

总序

一步引导企业和个人等各类社会主体参与以积累碳汇、减少碳排放为主的植树造林公益活动。经国务院批准，2010年，由中国石油天燃气集团公司发起、国家林业局主管，在民政部登记注册成立了首家以增汇减排、应对气候变化为目的的全国性公募基金会——中国绿色碳汇基金会。自成立以来，碳汇基金会在推进植树造林、森林经营、减少毁林以及完善森林生态补偿机制等方面做了许多有益的探索。特别是在推动我国企业捐资造林、树立全民低碳意识方面创造性地开展了大量工作，收到了明显成效。2015年荣获民政部授予的"全国先进社会组织"称号。

增加森林碳汇，应对气候变化，既需要各级政府加大投入力度，也需要全社会的广泛参与。为进一步普及绿色低碳发展和林业应对气候变化的相关知识，近期，碳汇基金会组织编写完成了《碳汇中国》系列丛书，比较系统地介绍了全球应对气候变化治理的制度和政策背景，应对气候变化的国际行动和谈判进程，林业纳入国内外温室气体减排的相关规则和要求，林业碳汇管理的理论与实践等内容。这是一套关于林业碳汇理论、实践、技术、标准及其管理规则的丛书，对于开展碳汇研究、指导实践等具有较高的价值。这套丛书的出版，将会使广大读者特别是林业相关从业人员，加深对应对气候变化相关全球治理制度与政策、林业碳汇基本知识、国内外碳交易等情况的了解，切实增强加快造林绿化、增加森林碳汇的自觉性和紧迫性。同时，也有利于帮助广大公众进一步树立绿色生态理念和低碳生活理念，积极参加造林增汇活动，自觉消除碳足迹，共同保护人类共有的美好家园。

国家林业局局长

二〇一六年二月二日

前　言

　　以变暖为特征的全球气候变化已成为世界关注的重大生态环境问题。森林作为陆地生态系统的主体，具有强大的吸收和储存二氧化碳的功能，对减缓和适应气候变化有着不可替代的作用。

　　通过森林保护、湿地管理、荒漠化治理、造林和更新造林、森林经营管理、采伐林产品管理等林业经营管理活动，稳定和增加碳汇量的过程、活动或机制称为林业碳汇。在应对全球气候变化的背景下，林业碳汇受到了国内外的高度关注。对于这样一个全新的概念，无论是对全国林业系统还是社会公众，都需要普及相关科学知识，宣传和推广新的理念。为此，中国绿色碳汇基金会组织编写了《林业碳汇知识读本》。读本主要围绕气候变化和森林生态系统基础知识、林业在应对气候变化中的功能和作用、国内外应对气候变化的制度构建和气候谈判、国内外碳市场与林业碳汇交易、中国绿色碳汇基金会公益活动实践与林业碳汇项目开发、低碳发展与生态文明和低碳环保等相关概念，进行梳理、提炼和整理，形成简明扼要、简单易懂的知识读物展示给读者。前两章重点介绍全球气候变化基本情况和森林基础知识；第三章主要介绍我国林业建设概况及林业应对气候变化行动；第四章介绍了应对气候变化国际制度与谈判；第五章介绍了我国应对气候变化的有关政策和机构情况；第六章重点介绍国内外碳市场、碳交易相关知识以及林业碳汇交易项目开发的适用条件；第七章简要介绍近年来中国绿色碳汇基金会林业碳汇项目开发案例、宣传活动和公益行动等；第八章普及低碳发展与生态文明建设的有关基础知识；第九章介绍与人们生活息息相关的绿色环保常识。

　　希望这本读本，能帮助林业工作者和社会公众了解全球应对气候变化的基本制度与政策；知晓国内外碳交易的基本情况和我国应对气候变化的有关政策规定；了解和宣传林业应对气候变化知识，掌握低碳生活的基本技巧，同时，希望能够引起读者思考如何应对气候变化相关问题，提高读者的环境

前言

保护意识,并引导读者积极参与到减缓与适应气候变化的行动中来,为保护地球家园贡献一份力量。

编者
2015 年 12 月

目　录

总序
前言

第一章　气候变化基础知识 ………………………………………… (1)
　　一、联合国气候变化框架公约 ………………………………… (1)
　　二、政府间气候变化专门委员会及其评估报告 ……………… (2)
　　三、温室气体与温室效应 ……………………………………… (4)
　　四、京都议定书 ………………………………………………… (4)
　　五、土地利用、土地利用变化和林业 ………………………… (7)
　　六、清洁发展机制下造林、再造林和毁林的定义 …………… (8)
　　七、气候和气候变化 …………………………………………… (9)
　　八、气候变化的原因 …………………………………………… (9)
　　九、气候变化带来的影响 ……………………………………… (9)
　　十、碳源和碳汇 ………………………………………………… (12)
　　十一、全球碳循环 ……………………………………………… (12)
　　十二、光合作用 ………………………………………………… (12)

第二章　森林基础知识 ……………………………………………… (14)
　　一、森林的定义 ………………………………………………… (14)
　　二、森林的特点 ………………………………………………… (14)
　　三、森林生态系统 ……………………………………………… (15)
　　四、森林生态系统主要特征 …………………………………… (15)
　　五、森林资源 …………………………………………………… (16)
　　六、森林的功能 ………………………………………………… (16)
　　七、森林生物量与森林碳储量 ………………………………… (18)
　　八、森林碳库 …………………………………………………… (18)
　　九、森林文化 …………………………………………………… (19)

目录

　　十、森林医学 ································ (20)

第三章　林业在应对气候变化中的作用 ················ (22)
　　一、森林碳汇、林业碳汇、碳汇林业和碳汇造林 ········ (22)
　　二、我国森林资源概况 ···························· (22)
　　三、我国林业发展存在的问题 ······················ (22)
　　四、林业在应对气候变化中的功能和作用 ············ (23)
　　五、应对气候变化给林业带来的发展机遇 ············ (25)
　　六、我国林业应对气候变化的指导思想及总体目标 ···· (26)
　　七、我国林业减缓气候变化的主要行动 ·············· (27)
　　八、我国林业适应气候变化的主要行动 ·············· (28)

第四章　应对气候变化的国际制度与谈判 ·············· (29)
　　一、联合国气候大会 ······························ (29)
　　二、巴厘路线图 ·································· (32)
　　三、减少毁林和森林退化造成的碳排放 ·············· (32)
　　四、森林碳伙伴基金 ······························ (34)
　　五、全球环境基金 ································ (34)
　　六、绿色气候基金 ································ (35)
　　七、气候谈判中的利益集团 ························ (36)
　　八、中国自主减排承诺 ···························· (37)
　　九、中国应对气候变化国家自主贡献 ················ (38)
　　十、世界其他主要国家新一轮自主减排承诺目标 ······ (39)

第五章　中国应对气候变化政策和管理机构 ············ (42)
　　一、应对气候变化政策 ···························· (42)
　　二、相关管理机构设置 ···························· (50)

第六章　国内外碳市场与林业碳汇交易 ················ (53)
　　一、碳排放、碳排放权、排放配额、重点排放单位 ···· (53)
　　二、碳交易 ······································ (53)
　　三、国际碳交易市场 ······························ (53)
　　四、国内碳交易市场 ······························ (55)
　　五、国际碳基金及其类型 ·························· (56)
　　六、碳税与碳关税 ································ (57)
　　七、林业碳汇交易项目开发流程 ···················· (57)

八、国内林业温室气体自愿减排项目方法学 ……………………… (58)
　　九、开发中国温室气体自愿减排交易林业碳汇项目的条件 ………… (59)
　　十、国家发展改革委批准的温室气体自愿减排项目审定和核证机构
　　　　………………………………………………………………………… (61)
　　十一、开发清洁发展机制林业碳汇项目的适用条件 ……………… (64)
　　十二、国际核证碳减排标准林业碳汇项目开发的适用条件 ……… (65)
　　十三、中国清洁发展机制林业碳汇项目 …………………………… (65)
　　十四、首个中国温室气体自愿减排林业碳汇项目 ………………… (66)
第七章　中国绿色碳汇基金会碳汇项目开发与公益活动实践 …………… (68)
　　一、中国绿色碳汇基金会简介 ………………………………………… (68)
　　二、中国绿色碳汇基金会志愿者工作站 ……………………………… (69)
　　三、中国绿色碳汇基金会碳汇公益礼品卡 …………………………… (70)
　　四、中国绿色碳汇基金会碳中和项目 ………………………………… (70)
　　五、中国绿色碳汇基金会林业碳汇自愿交易试点 …………………… (72)
　　六、中国绿色碳汇基金会"绿化祖国·低碳行动"植树节 ………… (73)
　　七、中国绿色碳汇基金会碳汇城市指标体系 ………………………… (73)
第八章　低碳发展 ……………………………………………………………… (75)
　　一、低碳、低碳生活与低碳发展 ……………………………………… (75)
　　二、低碳能源、低碳产业与低碳技术 ………………………………… (75)
　　三、低碳经济、绿色发展与循环发展 ………………………………… (76)
　　四、低碳社区与低碳社区试点 ………………………………………… (76)
　　五、低碳城市与低碳社会 ……………………………………………… (77)
　　六、低碳城镇化 ………………………………………………………… (77)
第九章　生态文明 ……………………………………………………………… (79)
　　一、生态文明概念 ……………………………………………………… (79)
　　二、生态文明的内涵与特征 …………………………………………… (79)
　　三、生态文明的本质 …………………………………………………… (80)
　　四、生态文明建设的重要意义 ………………………………………… (80)
　　五、习近平总书记关于生态文明的经典语录 ………………………… (81)
第十章　绿化环保知识 ………………………………………………………… (86)
　　一、世界地球日 ………………………………………………………… (86)
　　二、世界森林日 ………………………………………………………… (86)

三、世界环境日 …………………………………（86）
四、全国低碳日 …………………………………（87）
五、中国植树节 …………………………………（87）
六、各国植树趣闻 ………………………………（87）
七、我国控制温室气体的成效 …………………（88）
八、湿地缓解气候变化的作用 …………………（89）
九、低碳生活常识 ………………………………（91）

第一章 气候变化基础知识

一、联合国气候变化框架公约

《联合国气候变化框架公约》(United Nations Framework Convention on Climate Change，下简称公约)是联合国于1992年5月9日在巴西里约热内卢举行的联合国环境与发展大会上通过的一项应对全球气候变化的国际公约，也是国际社会在应对全球气候变化问题上进行国际合作的一个基本框架，目前共有195个缔约方。

公约最终目的是将大气中温室气体的浓度稳定在防止气候系统受到危险的人为干扰的水平上，该公约没有对个别缔约方规定具体需承担的义务，也未规定实施机制，属于粗线条的框架。公约将世界各国划分为两大类：附件I国家和非附件I国家。附件I国家指那些对气候变化负有较大历史责任的国家，主要包括1992年时属于世界经济合作与发展组织（英文简称OECD）成员国的工业化国家，以及经济转型国家，如俄罗斯联邦、波罗的海国家和几个中东欧国家；非附件I国家主要由发展中国家构成。1996年公约第二次缔约方会议上决定非附件I国家也需要报告其国家温室气体清单，并对发展中国家温室气体清单的报告内容做了详细界定。我国属于发展中国家，在公约中被归为非附件I国家，因此我国的国家温室气体清单也需要向联合国进行汇报。

公约第七、八条中规定缔约方应设立缔约方会议，并在第一届会议上指定一个常设秘书处。秘书处的具体职能为：安排缔约方会议及公约设立的附属机构的会议；在缔约方会议的全面指导下订立为有效履行其职能而可能需要的行政和合同安排等。缔约方会议作为公约的最高机构，需定期审评公约和缔约方会议可能通过的任何相关法律文书的履行情况，并应在其职权范围内作出为促进本公约的有效履行所必要的决定。

公约规定，第一届缔约方会议应不迟于公约生效日期后一年举行。随后，缔约方会议应年年举行。公约同时还规定联合国及其专门机构和国际原子能机构，以及它们的非公约缔约方的会员国或观察员，均可作为观察员出席缔约方会议的各届会议。任何在公约所涉事项上具备资格的团体或机构，除非出席的缔约方至少三分之一反对。不管其为国家或国际的、政府或非政府的，经通知秘书处其愿意作为观察员出席缔约方会议的某届会议，均可予以接纳，观察员的接纳和参加应遵循缔约方会议通过的议事规则。

公约的核心原则是，"共同但有区别的责任"，该原则是1992年联合国环境与发展大会所确定的国际环境合作原则，即发达国家率先减排，并向发展中国家提供履行该公约所需的资金技术支持。发展中国家在得到发达国家资金技术的支持下，采取措施减缓或适应气候变化。国际社会在应对气候变化这一突出的全球性环境问题上，将这一原则定为法律框架和基础性机制，在历次气候大会上均为决议的形成提供了依据。

二、政府间气候变化专门委员会及其评估报告

政府间气候变化专门委员会(Intergovernmental Panel on Climate Change，下简称IPCC)是由世界气象组织(World Meteorological Organization，下简称WMO)及联合国环境规划署(United Nations Environment Programme，下简称UNEP)于1988年联合建立的政府间机构。IPCC的作用是在全面、客观、公开和透明的基础上，对世界上有关全球气候变化的最好的现有科学、技术和社会经济信息进行评估[1]。

IPCC是一个政府间科学技术机构，所有联合国成员国和世界气象组织会员的国家都是IPCC的成员，可以参加IPCC及其各工作组的活动和会议。目前IPCC有195个成员国，由他们在IPCC全体会议上做主要决定。IPCC主席团由成员国政府选举产生，就委员会工作的科技方面的问题向委员会提供指导，并就相关管理和战略问题提供建议。

IPCC的主要任务是对气候变化科学知识的现状，气候变化对社会、经济的潜在影响以及对如何适应和减缓气候变化的可能对策进行评估。IPCC包括三个工作组：第一工作组为科学工作组，负责评估可获得的气候变化的科学信息；第二工作组为影响工作组，负责评估气候变化产生的环境和社会经济影响；第三工作组为响应对策工作组，负责制订有关处理气候变化问题的响应策略(后来第二、第三工作组的职责有所调整，分别负责评估影响与对策，和气候变化的社会经济方面)。

IPCC的主要产品是评估报告、特别报告、方法报告和技术报告。评估报告提供有关气候变化、其成因、可能产生的影响及有关对策的全面的科

学、技术和社会经济信息，通常分四部分，每个工作组为一部分，另加综合报告。特别报告提供对具体问题的评估。方法报告描述了制定国家温室气体清单的方法与作法，出版了《IPCC国家温室气体清单指南》等。技术报告提供对有关某个具体专题的科学或技术观点，它们以IPCC报告的内容为基础。

《IPCC第一次评估报告》于1990年发布，报告确认了人类活动产生的各种温室气体排放正在使大气中的温室气体浓度显著增加，这将增强温室效应，从而使地表升温。报告说明了导致气候变化的人为原因，即发达国家近200年工业化发展进程中大量消耗煤、石油、天然气等化石能源的结果，也就明确了主要的责任者，从而首次将气候问题扩展到政治层面，促使各国就全球变暖问题开始进行谈判，从而促使联合国大会作出制定联合国气候变化框架公约(公约)的决定。该公约于1994年3月生效。

《IPCC第二次评估报告》"气候变化1995"提交给了公约第二次缔约方大会，并为公约的《京都议定书》会议谈判作出了贡献。该报告证实了第一次评估报告的结论。虽然当时定量表述人类活动对全球气候的影响能力有限，且在一些关键科学问题上仍然存在很大的不确定性，但越来越多的证据证明，已经出现的全球变暖"不太可能全部是自然造成的"，人类活动已经对全球气候系统造成了"可以辨别"的影响。第二次评估报告强调：大气中温室气体的含量在继续增加，如果不对温室气体排放加以限制，到2100年全球气温将上升$1 \sim 3.5$℃；要达到公约最终目标，保证大气中温室气体浓度的稳定，需要大量减少温室气体排放。

《IPCC第三次评估报告》于2001年发布，确认了气候变化的真实性。该报告强调：气候变化速度超过了第二次评估报告的预测，气候变化已不可避免。报告指出，在过去的100多年里，尤其是近50年来，人为排放使大气中的温室气体浓度超出了过去几十万年间的任何时间；近50年观测到的大部分增暖可能(三分之二以上的可能性)归因于人类活动造成的大气温室气体浓度上升。报告还指出，气候变化的相关问题将不断扩大，将在经济、社会和环境等方面对可持续发展产生重大影响。

2007年《IPCC第四次评估报告》就全球范围内有关气候变化及其影响以及减缓和适应气候变化措施的科学、技术、社会、经济方面的最新研究成果给出了评估结论。该报告将国际社会对气候变化问题的关注提升到了前所未有的高度。第四次评估报告首次明确指出气候系统的变暖是毫不含糊的，近半个世纪以来的气候变化"很可能"(九成以上可能性)主要是人类活动造成的。根据 IPCC 第四次评估报告,全球大气中的 CO_2 浓度已从工业化前的 280 ppm(ppm 为百万分之一)增加到 2005 年的 379 ppm,导致全球气温在过去 100 年里约增加了 0.74℃,造成海平面上升、山地冰雪融化、降水量分布和频率及强度发生显著变化、极端天气现象不断增加,并对全球自然生态系统和全球人类社会可持续发展构成了严重威胁。未来 100 年,全球气候还将持续变暖,将对自然生态系统和人类生存产生巨大的影响。为了维护全球生态系统的安全和人类经济社会的可持续发展,必须从减缓和适应两个方面积极应对全球气候变暖。减缓主要是指在工业、能源等生产过程中,采取提高能效、降低能耗等措施减少温室气体排放,或者通过增加以森林为主的绿色植被增加温室气体的吸收,以降低大气中温室气体浓度,减缓全球气候变暖趋势。适应主要是指主动采取措施,增强自然生态系统和人类对气候变暖的适应能力,防止或减少气候变暖的不利影响。[1]

《IPCC 第五次评估报告》于 2014 年发布,其重点阐明了七个方面的问题:一是更多的观测和证据证实全球气候变暖;二是确认人类活动和全球变暖之间的因果关系;三是气候变化影响归因——气候变化已对自然生态系统和人类社会产生不利影响;四是未来气候变暖将持续;五是未来气候变暖将给经济社会发展带来越来越显著的影响,并成为人类经济社会发展的风险;六是如不采取行动,未来全球气候变暖幅度将超过 4℃;七是要实现在本世纪末 2℃升温的目标,须对能源供应部门进行重大变革,并及早实施全球长期减排路径。[2]

三、温室气体与温室效应

温室气体(Green House Gas,GHG)是指大气中吸收和重新放出红外辐射的自然和人为的气态成分,主要包括二氧化碳(CO_2)、臭氧(O_3)、氧化亚氮(N_2O)、甲烷(CH_4)、氢氟氯碳化物类(CFCs,HFCs,HCFCs)、全氟碳化物(PFCs)及六氟化硫(SF_6)等。

温室效应:温室气体有效地吸收地球表面、大气自身(由于相同的气体)和云散射的热红外辐射,大气辐射朝所有方向散射,包括向地球表面的散射,温室气体将热量捕获在地表—对流层(大约 1 万米高空以下)系统内,这个作用称为"温室效应"。[3]

四、京都议定书

京都议定书(Kyoto Protocol),全称联合国气候变化框架公约的京都议定书，是联合国气候变化框架公约的补充条款，于1997年12月由在日本京都举行的联合国气候变化框架公约第三次缔约方大会（COP3）制定。京都议定书旨在通过设定具有法律约束力的量化目标，限制发达国家的温室气体排放量，并首次为发达国家设立了强制减限排指标，也是人类历史上首个具有法律约束力的减排文件。

京都议定书于2005年2月16日生效。美国政府于1997年在京都议定书上签字，但美国克林顿政府没有将议定书提交国会审议，在2001年美国退出了京都议定书。2011年12月加拿大宣布退出京都议定书，成为继美国之后第二个签署但后又退出的国家。随后，2012年新西兰宣布退出京都议定书第二承诺期，转向承诺实现不具有约束力的框架目标，并自愿保证将在2020年前实现减排10%至20%的目标。

（一）京都议定书的目标

京都议定书规定了各缔约国温室气体减限排目标及详细的目标达成方法。缔约方附件Ⅰ国家应该个别地或共同地确保其温室气体的排放总量（以二氧化碳当量为单位）在2008~2012年的第一承诺期内比1990年水平至少平均减少5.2%，并且要求附件Ⅰ缔约方到2005年时，应在履行这些承诺方面做出可予证实的进展。在此基础上，照顾到各国的具体情况，议定书为每个附件Ⅰ国家确定了"有差别的减排"指标。京都议定书虽然没有强制规定发展中国家减排量，但议定书第三条第十二款及第十二条规定：发展中国家要通过实现本国的可持续发展，尽最大努力为达成条约的目标作出应有的贡献。

（二）京都议定书的内容

京都议定书是第一个为发达国家规定了具有法律约束力的具体减排指标的国际法律文件。其主要内容是限制和减少温室气体排放。

京都议定书明确规定了要求减排的六种温室气体，即二氧化碳（CO_2）、甲烷（CH_4）、氧化亚氮（N_2O）、氢氟碳化物（HFCs）、全氟碳化物（PFCs）和六氟化硫（SF_6）。

京都议定书规定以1990年各国排放量为比较基准，但是氢氟碳化物、全氟碳化物和六氟化硫以1995年的排放量为基准。规定了主要发达国家在第一承诺期内CO_2削减的量化指标（表1-1）。

表1-1 主要发达国家第一承诺期限定减排目标(1990年为减排比较基准年)

国家	削减目标(%)	国家	削减目标(%)
美国	7.0	英国	8.0
德国	8.0	法国	8.0
加拿大	6.0	日本	6.0
瑞典	8.0	俄罗斯	0.0
希腊	8.0	新西兰	0.0
意大利	8.0	荷兰	8.0
瑞士	8.0	卢森堡	8.0
西班牙	8.0	爱尔兰	8.0
比利时	8.0	丹麦	8.0

(三)京都议定书三机制

为了帮助发达国家实现强制减限排目标，京都议定书规定了联合履约(JI)、排放贸易(ET)和清洁发展机制(CDM)三种市场机制。其中，只有CDM与发展中国家相关。

(1)联合履约(JI)

联合履约是指发达国家之间通过项目级的合作，其所实现的减排单位，可以转让给另一发达国家缔约方，但是同时必须在转让方的"分配数量"配额上扣减相应的额度。京都议定书第六条规定的一种履约机制，允许附件Ⅰ国家或这些国家的企业联合执行限制或减少排放、或增加碳汇项目，共享排放量减少单位。

联合履约与清洁发展机制相似，主要区别在于项目只能是在附件Ⅰ国家之间进行。

(2)排放贸易(ET)

排放贸易是指一个发达国家，将其超额完成减排义务的指标，以贸易的方式转让给另外一个未能完成减排义务的发达国家，并同时从转让方的允许排放限额上扣减相应的转让额度。京都议定书第17条规定，允许发达国家向其他发达国家和转轨经济体购买温室气体排放限额，以实现其减排承诺。

排放贸易的目的是，协助附件Ⅰ缔约方履行其减排义务。任何此种贸易都应是本国行动的补充。议定书要求公约缔约方会议应就排放贸易，特别是其核查、报告和责任确定相关的原则、方式、规则和指南。2000年11月在荷兰海牙召开的公约第六次缔约方大会期间，各缔约方在排放贸易的"补充性"、"责任"和"分配数量定义与互换性"等方面进行了磋商,但没有取得实质性的进展。

(3)清洁发展机制(CDM)

京都议定书第12条对CDM进行了详细的说明与规定。目的是一方面协助发展中国家实现可持续发展和有益于实现公约的最终目标;另一方面,帮助附件Ⅰ国家实现议定书为其规定的量化的限制和减少排放的目标。CDM允许发达国家通过购买在发展中国家进行的具有减少温室气体排放效果的项目减排量,用于完成其在议定书下承诺的一部分义务。与此同时,发展中国家也可以受益于这种碳交易。议定书还规定,CDM项目必须是经缔约方批准,自愿参加,必须产生与减缓气候变化有关的实际的、可测量的和长期的效益,减少的温室气体排放必须是对于在没有这类项目活动的情况下产生的任何减少排放而言是额外的(称为额外性)。

CDM是京都议定书下谈判的核心议题之一。谈判主要是围绕清洁发展机制的补充性、碳汇项目能否作为CDM项目、单边项目、基准线、清洁发展机制项目类型、缔约方会议和清洁发展机制执行理事会的分工以及清洁发展机制的临时安排等几个方面展开。对发达国家而言,CDM提供了一种灵活的履约机制;对发展中国家而言,通过CDM项目可以获得一定资金和技术援助,因此,被认为是一种"双赢"机制。

五、土地利用、土地利用变化和林业

土地利用、土地利用变化和林业(Land use, land use change and forestry,下简称LULUCF)是京都议定书中第三条第3、4条款规定的内容。

第三条第3款规定:"自1990年以来直接由人引起的土地利用变化和林业活动(限于造林、再造林和毁林)产生的温室气体排放量和碳汇量的净变化,作为每个承诺期碳储量方面可核查的变化来衡量,用于(公约)附件Ⅰ国家所列每一缔约方实现本条规定的承诺。"第三条第4款规定:"在《议定书》缔约方第一届会议之前,附件Ⅰ国家所列每缔约方应提供数据供附属科技咨询机构审议,以便确定其1990年的碳储量并能对其以后各年的碳储量方面的变化作出估计;作为《议定书》缔约方会议,应在第一届会议或在其后一旦实际可行时,就设计与农业土壤、土地利用变化和林业类各类温室气体排放量和各种碳汇量变化有关的那些人为引起的其他活动,应如何加到附件Ⅰ所列缔约方的分配数量中或从中减去的方式、规则和指南作出决定。"

LULUCF 是国家温室气体清单的重要组成部分，因此，IPCC 对于该部分专门发布了优良做法指南，以期为土地利用、土地利用变化和林业部门估计二氧化碳和非二氧化碳的排放和清除提供指导。

土地利用是指针对某种土地覆盖类型上的所有安排、活动和采取的措施。公约将土地利用分为六大类型，分别是：林地、农地、草地、湿地、居住用地、以及其它土地类型（如冰川、荒漠、裸岩等）。

我国的土地利用分类方式与公约存在一定的差异。我国土地类型常分为林地、耕地、牧（草）地、水域、未利用地和建设用地等。其中林地包括有林地、疏林地、灌木林地、未成林地、苗圃地、无立木林地、宜林地和林业辅助用地。

土地利用变化是指不同土地利用类型之间的相互转化（如林地转化为农地、草地转化为农地等）。土地利用变化可能会导致温室气体的排放（如毁林后地类转化为居住用地）或温室气体的吸收（如退耕还林等）。IPCC 第 4 次评估报告结果显示，土地利用变化（主要评估了毁林）是仅次于化石燃料燃烧的全球第二大人为温室气体排放源，约占全球人为二氧化碳排放总量的 17.2%。

六、清洁发展机制下造林、再造林和毁林的定义

根据京都议定书第三条第 3 款规定，要求各缔约方报告直接由人类活动引起的土地利用变化和林业活动的温室气体排放，限于 1990 年以来的造林、再造林和毁林活动。在 2001 年 7 月的公约第 6 次缔约方大会和 11 月第 7 次缔约方大会上，通过了波恩政治协议和马拉喀什协定，其中的土地利用、土地利用变化和林业（LULUCF）决议对造林、再造林、毁林等做出了明确定义。

造林是指通过人工植树、播种或人工促进天然下种方式，使至少在过去 50 年不曾有森林的土地转化为有林地的直接人为活动。

再造林是指通过植树、播种或人工促进天然下种等方式，将过去曾经是森林但被转化为无林地的土地，转化为有林地的直接人为活动。在第 1 承诺期内（2008~2012 年），再造林限于在 1990 年 1 月 1 日以来的无林地上开展的造林活动。

毁林是指将森林覆盖移除，并将土地从林业用途转化为其他土地利用方式的行为。

七、气候和气候变化

气候是指地球上某一地区多年时段大气的一般状况,是该时段各种天气过程的综合表现。WMO 规定,用来统计气候变量平均值或变率的参考时期是 30 年,目前统一采用 1981～2010 年作为气候变化参考时期。公约对气候变化进行了定义:除在类似时期内所观测的气候的自然变异之外,由于直接或间接的人类活动改变了地球大气的组成而造成的气候变化。公约的气候变化定义不包括自然因素造成的气候变化,与学术界的定义有所不同[3]。

八、气候变化的原因

我们赖以生存的地球是一个极其复杂的系统,气候系统是构成这个地球系统的重要部分。在漫长的地球历史中,气候始终处在不断地变化之中。究其原因,概括起来可分成自然的气候波动与人类活动的影响两大类。前者包括太阳辐射的变化、陆地形态变化(火山爆发)、地表反照率变化(如冰雪层、沙漠地、植被覆盖区和水面地表等反照率有明显差异)等。后者指人类社会活动对气候的影响,如城市化、毁林、过度放牧、土地不合理利用,以及由于工业化引起的大气中二氧化碳等温室气体浓度的变化等。

关于人类活动对气候变化的影响,有越来越多的研究表明,近百年来人类活动加剧了气候系统变化的进程。未来 100 年,全球气候还将持续变暖,将对自然生态系统和人类生存产生巨大影响。导致全球气候变暖的因素主要是由于工业革命以来,人类大量使用化石能源、毁林开荒等行为,向大气中过量排放二氧化碳等温室气体,导致大气中二氧化碳等温室气体浓度不断增加、温室效应不断加剧的结果[4]。

九、气候变化带来的影响

气候变化与人类社会发展有着密切的关系。气候变化的影响包括直接的(由于平均温度、温度范围或温度变率的变化而造成作物产量的变化)和间接的(由于海平面上升造成沿海地带洪水频率增加而引起的灾害)影响。基于 1970 年以来对所有大陆和多数海洋的观测结果表明,气候变化特别是温度升高已经对许多自然生态系统产生了影响。比如,春季一些物候现象(树木发芽,鸟类迁徙和产蛋等)出现时间提前,北半球高纬度地区植物生长季节每十年延长 1.2～3.6 天,湖水和河水的温度升高减少了冰面覆盖时间,高山牧草分布线上移，热胁迫引起的野生物种死亡和分布面积减少等。

根据 IPCC 气候变化第四次评估报告：全球大气中二氧化碳浓度已从工业化前的 280 ppm 增加到了 2005 年的 379 ppm，导致全球气温在过去 100 年里增加了约 0.74℃，造成海平面上升、冰雪融化、降雨量分布和频率及强度发生显著变化、极端天气事件不断增加，并对全球自然生态系统和人类社会可持续发展构成了严重威胁。如果不采取有效措施控制温室气体排放，大气中温室气体浓度将会继续上升，这将使全球平均温度到 2100 年上升 1.4～5.8℃，给全球自然生态系统和人类生存与发展带来不可逆转的影响。

近百年来，中国年平均气温升高了 0.5～0.8℃，略高于同期全球增温平均值，近 50 年变暖尤其明显。从地域分布看，西北、华北和东北地区气候变暖明显，长江以南地区变暖趋势不显著；从季节分布看，冬季增温最明显。从 1986 年到 2005 年，中国连续出现了 20 个全国性暖冬；近百年来，中国年均降水量变化趋势不显著，但区域降水变化波动较大。中国年平均降水量在 20 世纪 50 年代以后开始逐渐减少，平均每 10 年减少 2.9 毫米，但 1991 年到 2000 年略有增加。从地域分布看，华北大部分地区、西北东部和东北地区降水量明显减少，平均每 10 年减少 20～40 毫米，其中华北地区最为明显，华南与西南地区降水明显增加，平均每 10 年增加 20～60 毫米。

近 50 年来，中国主要极端天气与气候事件的频率和强度出现了明显变化。华北和东北地区干旱趋重，长江中下游地区和东南地区洪涝加重。1990 年以来，多数年份全国年降水量高于常年，出现南涝北旱的雨型，干旱和洪水灾害频繁发生；近 50 年来，中国沿海海平面年平均上升速率为 2.5 毫米，略高于全球平均水平。20 世纪 80 年代以来，我国春季物候期提前了 2～4 天，北方干旱受灾面积扩大，南方洪涝加重，海南和广西海域近年来还出现了珊瑚白化现象。

（一）气候变化对我国农牧业的影响

气候变化对我国农牧业生产的影响已经显现，例如农业生产的不稳定性增加；局部干旱高温危害严重；因气候变暖引起农作物发育期提前而遭遇早春冻害等。未来气候变化对农牧业的影响仍以负面影响为主：小麦、水稻和玉米三大作物会出现减产；农业生产布局和结构将出现变化；土壤有机质分解加快；农作物病虫害出现的范围可能扩大；草地潜在荒漠化趋势加剧；草原火灾发生频率将呈增加趋势。

（二）气候变化对我国森林生态系统的影响

气候变化对我国森林生态系统的影响主要表现在：东部亚热带、温带北界北移，物候期提前；部分地区林带下限上升；山地冻土海拔下限升高，冻土面积减少；全国动植物病虫害发生频率上升，且分布变化显著；西北冰川面积减少，呈全面退缩的趋势，冰川和积雪的加速融化使绿洲生态系统受到威胁。

未来气候变化将使生态系统脆弱性进一步增加；主要造林树种和一些珍稀树种分布区缩小，森林病虫害爆发范围扩大，森林火灾发生频率和受灾面积增加；内陆湖泊将进一步萎缩，湿地资源减少且功能退化；冰川和冻土面积加速缩减，青藏高原生态系统多年冻土空间分布格局将发生较大变化；生物多样性减少。

(三)气候变化对我国水资源的影响

气候变化已经引起了我国水资源分布的变化。近20年来，北方的黄河、淮海、辽河水资源总量明显减少，南方的河流水资源总量略有增加，洪涝灾害更加频繁，干旱灾害更加严重，极端天气明显增多。

预计未来气候变化将对中国水资源时空分布产生较大的影响，加大水资源年内和年际变化，增加洪涝和干旱等极端自然灾害的发生概率。特别是气候变暖将导致西部地区的冰川加速融化，冰川面积和冰储量将进一步减少。对以冰川融水为主要来源的河川径流将产生较大影响。气候变暖可能增加北方地区干旱化趋势，进一步加剧水资源短缺形势和水资源供需矛盾。

(四)气候变化对我国海岸带的影响

近30年来，我国海平面上升趋势加剧。海平面上升会引发海水入侵、土壤盐渍化、海岸侵蚀，损害滨海湿地、红树林和珊瑚礁等典型生态系统，降低海岸带生态系统的服务功能和海岸带生物多样性；气候变化引起的海水温度升高、海水酸化会使局部海域形成贫氧区，海洋渔业资源和珍稀濒危生物资源衰退。

(五)气候变化对社会经济等其他领域的影响

气候变化对社会经济等其他领域也将产生深远影响，会给国民经济带来巨大损失，因此，应对气候变化需要付出相应的经济和社会成本。气候变化将增加疾病发生和传播的机会，危害人类健康；增加地质灾害和气象灾害的形成概率，对重大工程的安全造成威胁；影响自然保护区和国家公园的生态环境及物种多样性，对自然和人文旅游资源产生影响；增加对公众生命和财产的威胁，影响社会正常生活秩序和安定。[4]

十、碳源和碳汇

公约将碳源定义为：向大气中排放二氧化碳等温室气体的过程、活动或机制。将碳汇定义为：从大气中清除二氧化碳等温室气体的过程、活动或机制。

十一、全球碳循环

全球碳循环指碳在地球各个圈层（大气圈、水圈、生物圈、土壤圈、岩石圈）之间的迁移转化和循环周转的过程。在大气中，二氧化碳是含碳的主要气体，也是碳参与物质循环的主要形式。它的主要过程包括：①生物的同化过程和异化过程，主要是光合作用和呼吸作用；②大气和海洋之间的二氧化碳交换；碳酸盐的沉淀作用。碳循环途径主要有：①在光合作用和呼吸作用之间的细胞水平上的循环；②大气二氧化碳和植物之间的个体水平上的循环；③大气二氧化碳—植物—动物—微生物之间的食物链水平上的循环；④碳以动植物有机体形式深埋地下，在还原条件下，形成化石燃料，于是碳便进入了地质大循环。

在生物圈中，森林是碳的主要吸收者，它固定的碳相当于其他植被类型的 2 倍，也是生物库中碳的主要贮存者，相当于目前大气含碳量的 2/3。植物、微生物通过光合作用从大气中吸收碳的速率，与通过生物的呼吸作用将碳释放到大气中的速率大体相等，因此，大气中二氧化碳的含量在受到人类活动干扰以前是相当稳定的。

十二、光合作用

光合作用，常指绿色植物在光能的作用下，将二氧化碳和水合成有机物质并释放氧气的过程。光合作用所产生的有机物质主要是糖类，贮藏着能量。整个光合作用大致可分为下列三大过程：光能的吸收、传递和转换过程，电能转变为活跃化学能过程和活跃化学能转变为稳定化学能过程。光合作用的反应式[5]：

$$6CO_2 + 12H_2O \rightarrow C_6H_{12}O_6 + 6O_2 + 6H_2O$$

可见，森林、草原、农作物等绿色植物能够利用太阳能，吸收大气中二氧化碳，对降低或减少大气中温室气体浓度发挥着重要作用。

参考文献

[1] 王伟光,郑国光. 应对气候变化报告2010[M]. 北京:社会科学文献出版社,2010.
[2] 潘希. IPCC第五次评估报告阐明七大问题[N]. 中国科学报,2014-5-13.
[3] 国家应对气候变化战略研究和国际合作中心. 低碳发展及省级温室气体清单编制培训教材[Z]. 2014.
[4] 国家林业局. 应对气候变化林业行动计划[M]. 北京:中国林业出版社,2010.
[5] 潘瑞炽. 植物生理学[M]. 北京:高等教育出版社,2008.

第二章　森林基础知识

一、森林的定义

不同国家对森林有不同的定义。从这些定义来看，主要有基于土地覆盖、基于土地利用或基于两种方式的结合三种类型。目前，大多数国家、国际公约和组织在定义中均给出了具体的量化指标，如冠层郁闭度阈值、成熟时最低树高、最小面积、林带最小宽度等。

目前，国际公约或组织大多采用联合国粮农组织（下简称 FAO）关于森林的定义，如联合国生物多样性保护公约（UNCBD）等。FAO 对森林的定义是：郁闭度超过 0.10，面积在 0.5 公顷以上、树木成熟时的高度大于 5 米或树木在原生境能够达到这一阈值的土地。不包括主要为农业和城市用途的土地[1]。

应对气候变化背景下，在马拉喀什协定有关 LULUCF 决议附录中对森林的定义如下：森林是指土地面积不小于 0.05~1.0 公顷、郁闭度在 0.1~0.3 以上、成熟后树高不低于 2~5 米的有林木覆盖的土地。森林既包括已经郁闭的各层乔木，也包括高盖度的林下植被和疏林地。达到上述各标准的天然幼龄林和所有人工林都属于森林的范畴。公约允许缔约方国家制定本国森林的标准。（UNFCCC，UNFCCC/CP/2001/L.11，2001）

2003 年，经国家林业局科技委论证，确定了中国林业应对气候变化使用的森林定义：森林是指土地面积大于等于 0.067 公顷，郁闭度大于等于 0.2，就地生长高度大于等于 2 米的以树木为主体的生物群落，包括天然与人工幼林，符合这一标准的竹林，以及特别规定的灌木林，行数大于等于 2 行且行距小于等于 4 米或冠幅投影宽度大于等于 10 米的林带。

二、森林的特点

在植物界中，森林树木的寿命最长。农作物生长周期一般为几个月到一年，而树木生长周期要长得多。在正常情况下，树木寿命短的也有数年、几十年；许多树种的寿命可达上百年乃至数千年。美国的狐尾松，生命力极其顽强,以长寿著称,是世界上已知的最古老的树木之一,其中最大树龄已超过4000年。在我国的一些风景名胜区内,至今也保留着大量珍稀树木如柏木、银杏等,有些树龄已达千年。

森林的生物成分较为复杂,除了乔木、灌木、草本、苔藓与地衣外,还有大量的动物和微生物。陆地植物中约有90%的种类在森林中有分布,绝大多数陆生动物栖息于森林中。天然林是生物多样性最丰富的群落,形成了复杂的结构和稳定的生态系统。

森林具有巨大的生物量和生产力。研究表明,陆地生态系统中90%以上的生物量在森林中。森林在制造有机物、维持生物圈的动态平衡中具有重要地位。

三、森林的特点

森林的功能是指森林所发挥的对人类及自然界有利的作用。森林有许多功能,影响着人类的生存环境和人类社会的发展。

(一)森林的直接作用

森林提供给人类最直接的产品是木材,传统上把木材称为森林的主产品,木材以外的林产品统称为林副特产品,包括叶、花、果、树脂、树胶、树汁、皮毛,以及林下植物等。这些为人类生产、生活直接或间接提供了所需要的大量基本物质,在建筑、矿业、铁路、航空、化工、纺织、轻工、包装、造纸、家居以及医药、食品工业等部门和行业中发挥着巨大作用。森林的直接作用在人类的生产、生活中占有重要的地位,涉及国计民生,衣、食、住、行各个领域。

(二)森林的间接作用

森林的间接作用是多方面的,其实际意义远比直接作用大得多。

(1)防风固沙、保持水土、涵养水源

森林能防风固沙,保持水土,增加土壤水分和地下水,涵养水源。森林是风、沙运动和水土冲蚀的最大障碍。森林可降低风速、稳定流沙,增加和保持田间湿度,减轻干热风危害,在风沙危害地区对农田的保护作用十分显著。茂密的林冠对降水有截留作用,一般情况下20%~30%的降水量被林冠所截留,减小了降水强度,减少了对土壤的侵蚀,延缓地表径流过程,减少水土流失。

(2)调节改善气候

森林有调节和改善气候的作用。由于森林树冠层密集，使林内获得的太阳辐射能较少，空气湿度大，林外热空气不易传导到林内，到夜间林冠又起到保温作用，因而森林内昼夜之间及冬夏之间温差较小。林内地表蒸发比无林地显著减小，林地土壤中含蓄水分多，可保持较多的林木蒸腾作用，对自然界水分循环和改善气候都有重要作用，森林每天从地下吸收大量水，再通过树木树叶的蒸发，回到大气中，因而森林上空水蒸气含量要比无林地区上空多，同时水变成水蒸气要吸收一定的热量，所以在大面积的森林上空，空气湿润，气温较低。

(3) 消除环境污染、保护环境

森林具有吸收有害气体、杀灭菌类、净化空气的功能，据研究表明，森林中有许多种植物，能够分泌多种杀菌素，可以杀死众多病菌。森林也对大气中的灰尘有阻挡、过滤和吸收作用，可减少空气中的粉尘和尘埃。

(4) 提供游憩、休养的最佳场所

随着社会发展，物质文化生活的提高，人们越来越要求更多地接触大自然，获得娱乐和休养，从而缓和紧张工作的心情、调节生活节奏、丰富生活内容，促进身心健康。当今世界各国旅游业正在蓬勃发展，自然风光的森林旅游是其中的一项重要内容。森林造就了山清水秀的自然景观，人们在森林中，可以敞开胸怀，尽情地领略与享受原始美、自然美。[4]

四、森林生态系统

生态系统是指在一定的时间和空间范围内，由生物群落及其环境组成的一个整体，该整体具有一定的大小和结构，各成员通过能量流动、物质循环和信息传递而相互联系、相互依存，并形成具有自我组织、自我调节动能的复合体。森林生态系统是以林木为主体的森林生物群落与其生存的非生物环境通过能量流动、物质循环和信息传递构成的功能系统。

五、森林生态系统主要特征

森林生态系统是生物圈生态系统中分布最广、结构最复杂、类型最丰富的一种生态系统，在陆地生态系统中占有重要地位，具有以下主要特征：

(一) 森林生态系统占有巨大的生态空间，其地上部分林冠可高达数十米至上百米，地下根系可深入土壤数米甚至数十米。这样大的生态空间不仅为多种生物提供了广阔的生长、栖息环境，而且也扩大了对其他生态系统的影响。

（二）森林中植物种类繁多，枝叶繁茂，光合作用面积大，根系发达，能充分利用营养空间，生产力高并能生产巨大的生物量，为森林生态系统中的动物、微生物提供了极为丰富的食物资源。

（三）森林生态系统具有复杂的层次结构。地下、地上各层形成不同的生态环境，支持不同的生物区系。在某一种或几种生物成群分布并占优势的空间，形成小型的生态系统。层与群纵横交织相互影响，构成森林生态系统整体，并表明物质循环和能量流动的渠道和环节。

（四）在森林的发展和森林演替的过程中，随着生境条件的改善，动植物种类的增加与更替，由植物、动物及微生物成分所构成的营养级也不断增加，相应的森林生态系统的成分和结构也随之日趋复杂，修复干扰造成的影响与自我调控能力也越大，到了成熟时期，达到相对稳定的状态。此时，该系统具有最高的生物量，对附近的其它生态系统具有良好的影响。[2]

六、森林资源

森林资源是林地及其所生长的森林有机体的总称。森林资源，包括森林、林木、林地以及依托森林、林木、林地生存的野生动物、植物和土壤微生物及其他自然环境因子等资源。其中，森林包括乔木林和竹林；林木，包括树木和竹子；林地，包括郁闭度0.2以上的乔木林地以及竹林地、灌木林地、疏林地、采伐迹地、火烧迹地、未成林造林地、苗圃地和县级以上人民政府规划的宜林地。（中华人民共和国森林法实施条例，2011年1月8日修正版）

我国森林分为以下五个林种：

(1)防护林：以防护为主要经营目的的森林、林木和灌木丛，包括水源涵养林、水土保持林、防风固沙林、农田牧场防护林、护岸林、护路林，其他防护林；

(2)用材林：以生产木材为主要经营目的的森林、林木和灌木林，包括以生产竹材为主要目的的竹林；

(3)经济林：以生产果品，食用油料、饮料、调料，工业原料和药材等为主要经营目的的森林、林木和灌木林；

(4)薪炭林：以生产热能燃料、原料为主要经营目的的森林、林木和灌木林；

(5)特种用途林:以保存物种资源、保护生态环境,用于国防、森林旅游、科学实验等为主要经营目的的森林、林木和灌木林,包括国防林、实验林、母树林、环境保护林、风景林、名胜古迹和革命纪念林和自然保护区的森林。[3]

七、森林生物量与森林碳储量

森林生物量是指单位面积森林生态系统的干物质重量,包括林木的根、茎、叶、花果、种子和凋落物等的干物质重量、林下植被层的干物质重量等。森林生物量一般用千克/公顷(kg/hm^2)或者克/平方米(g/m^2)表示。[2]

森林碳储量是指森林碳库中储存的碳量,一般以单位面积(公顷)储碳量如 tC/hm^2 或 tCO_2/hm^2 表示。其中林木生物量碳储量等于林木生物量乘以生物量含碳率。林木生物量含碳率0.5(IPCC,2006)。

八、森林碳库

森林碳库是指森林生态系统中储存碳的场所。一般来说森林有五大碳库:

(一)地上生物量

地上生物量指土壤以上以干量表示所有活体生物量,包括树干、树桩、树枝、树皮、果实和叶子。地上生物量是最重要的碳库。它是天然林和人工林中最主要的碳库,与其他碳库相比,测量与估测地上生物量的方法和模型是开发最多的。

(二)地下生物量

地下生物量是指所有活根的生物量,直径低于2毫米的细根一般要排除在外,因为这些细根依据经验不能与土壤有机物分开。当根把大量碳转移到地下且贮存时间相对较长时,它在碳循环系统中起到的作用是很大的。估算地下生物量会干扰地表土,破坏植物的正常生存环境,一般情况下将地下生物量按比例作为生物量的一部分进行估算。

(三)枯落物

枯落物是指土壤层以上、直径小于5cm、处于不同分解状态的所有死生物量,包括凋落物、腐殖质,以及不能从经验上从地下生物量中区别出来的活细根(直径≤2mm的)。枯落物层生物量一般仅为植物生物量的6%~8%。

(四)枯死木

枯死木指枯落物以外的所有死生物量,包括枯立木、枯倒木以及直径大于或等于5cm的枯枝、死根和树桩。枯死木通常仅占碳库总储量的6%。

（五）土壤有机质

土壤有机质指在一定深度内（通常为1米）矿物质土壤和有机土（包括现碳土）中的有机质，包括不能从经验上从地下生物量中区分出来的活细根（直径≤2mm的）。

九、森林文化

森林文化是人们在长期社会实践中，人与森林、人与自然之间建立的相互依存、相互作用、相互融合的关系，以及由此而创造的物质与精神文化的综合[5]。

森林文化指人类对森林（自然）的敬畏、崇拜、认识与创造，是建立在对森林给人类的各种恩惠表示感谢的朴素感情基础上的，反映人与森林关系中的文化现象，其内容主要包括技术领域的森林文化与艺术领域的森林文化两大部分。[6]

（一）森林文化的内容

首先，森林文化必须以森林为背景或以木竹为载体；森林文化必须以人类社会的存在为前提。其次，森林文化的主线是以竹简文化为发端，以纸媒体文化为延伸，以松文化、竹文化、茶文化等树种为基础，以及由此延伸的园林文化、花卉文化、森林旅游文化、自然保护区文化和森林美学、森林哲学、森林伦理学、森林社会学等若干分支，构成森林文化完整的架构体系。最后，森林文化的定义凸显以绿色、低碳、循环、共生为理念的生态主题。正因为森林文化有深刻的生态内涵，森林文化既存在于农耕文化，又是工业文明的重要组成部分，更为未来生态文明社会指明方向。[7]

（二）森林文化体系

森林文化体系一般分为物质、精神和制度三个层面：

（1）物质层面的森林文化

物质层面的森林文化，又称表层森林文化，包括类型、树种、植被三种形态。它是森林文化最基本、最常见的形态，是森林文化中最活跃的因素，也是整个森林文化体系的基础。物质形态的森林文化反映人与森林的物质关系。人类在认识和利用森林树木时，亦把自己的智慧、知识凝固物化在以木竹为基本载体的工具、用具、设施、建筑、园林上。他们首先是物质意义上的产品、商品，同时也体现不同历史时期森林文化的内涵。森林物质文化的基本功能是以森林经济效益的形式，提供大量的森林物质产品，维持人类和社会的再生产，体现了人类对森林的改造和影响；又能以生态化的形式，形成一定规模的循环经济、低碳经济实体。重要的是对于治理土地荒漠化、维护物种安全、改善生态环境具有不可替代的作用。

(2) 精神层面的森林文化

精神层面的森林文化，又称深层森林文化，指森林文化形而上蕴含的理念、伦理、道德、审美、价值，表达森林文化的世界观、伦理观、道德观、价值观，使得森林哲学，森林伦理学、森林美学、森林社会学等一系列人文林学学科的出现。森林精神文化是森林文化体系中最内在、最具创造性的要素，是森林文化的核心与灵魂，引领着人与自然、人与森林和谐发展的价值观，建设尊重自然的文化，实现人与自然的共同繁荣和精神领域的一系列转变。

(3) 制度层面的森林文化

森林制度文化又细分为三个层面，第一层面为社会形态，即总的社会制度；第二层面为各种特定的制度，如森林的经济制度、政治制度、法律制度、管理制度、商品交换制度等；第三层面为社会规范，即人的生活方式和行为模式，包括山区林区的风俗、利益、宗教、习惯、行为等。

森林文化是由森林物质文化、森林精神文化、森林制度文化三个层面组成的相互依赖、相互制约的有机整体。其中，森林精神文化是核心，决定了森林文化体系的发展方向。森林物质文化则是森林精神文化与森林制度文化相互结合的产物，是森林文化体系的基础。[7]

十、森林医学

森林医学属于替代医学、环境医学的范畴，是研究森林环境对人类健康影响的科学。森林环境包括物理因素、化学因素和心理因素。

(一) 森林环境的物理因素

通常认为人们通过五官获得森林物理环境信息，由此产生治疗效果。森林疗法是当人们进行活动时，通过感官感受到每一个积极的环境因素，如树木、花草、鸟类和昆虫的活动等，进而产生改善身心健康的治疗效果。

(二) 森林空气中的植物杀菌素

在针叶林和阔叶林中发现的主要植物杀菌素分别是 α~蒎烯和异戊二烯。植物杀菌素的含量随季节变化，在6~9月的夏季增加，在冬季则下降。

与森林边缘相比,白天森林中植物杀菌素的水平分布往往集中在森林的中心,而其垂直分布趋于集中在地面附近。

(三)森林环境对人类健康的作用

通过在森林环境的活动实现放松和健康的生活,已经被越来越多的证据所证实,关于森林治疗效果的科学证据也在积累。通过森林浴,森林树木中的植物杀菌素能够提高实验对象的自然狂想曲伤细胞(NK细胞)活性,NK细胞的数量,细胞内穿孔素、颗粒酶A/B(GrA/B)及颗粒溶素(GRN)的表达,这是由于NK细胞数量增加和细胞内抗癌蛋白水平提高引起的。森林环境可影响人体的免疫系统及交感神经和副交感神经系统,还可以改变某些激素的水平。森林浴能够延长睡眠时间,在森林中徒步时能够降低血糖水平、减少交感神经活性来降低血压值等。通过森林旅行,能够显著降低焦虑、抑郁、愤怒、疲劳等。

(四)森林疗法概述

森林疗法是指在特别选定的森林中开展森林浴,以达到保持全身活力、大脑功能及心理综合健康、预防疾病的目的。

选定的森林应符合以下3种情况:①森林环境维护状态良好,能确保各项活动的安全;②森林环境各项物理及化学指标良好;③森林必须具有经过证实的环境,在这里特定的活动人体能达到一定水平的恰当反应,并且研究结果需显示心理反应能有助于维持人类生命及健康。

具体地说,当前的目标是减轻压力并改善免疫系统的功能。为达到这一目的,在特定的森林环境中开展了物理及化学实验,测验了实验对象的生理及心理反应。这样就能证实该森林环境内所提供的效应达到了一定水平。[8]

参考文献

[1] FAO. Global Forest Resourece Assessment 2000[M], Rome, 2001.

[2] 沈国舫. 林学概论[M]. 北京:中国林业出版社, 1989.

[3] 中华人民共和国森林法. 第四条[Z]. 2009.

[4] 韩海荣. 森林资源与环境导论[M]. 北京:中国林业出版社, 2002.

[5] 蔡登谷. 森林文化初论[J]. 世界林业科学, 2002, 15(1):12-18.

[6] 郑小贤. 森林文化、森林美学与森林经营[J]. 北京:北京林业大学学报, 2001(2):93-95.

[7] 苏祖荣, 苏老同. 森林与文化[M]. 北京:林业出版社, 2006.

[8] 李卿主编, 王小平、陈峻崎、刘晶岚等译. 森林医学[M]. 北京:科学出版社, 2013.

第三章 林业在应对气候变化中的作用

一、森林碳汇、林业碳汇、碳汇林业和碳汇造林

森林碳汇：指森林生态系统吸收大气中二氧化碳，并将其固定在植被和土壤中，从而减少大气中二氧化碳浓度的过程、活动或机制。[1]

林业碳汇：通常是指通过森林保护、湿地管理、荒漠化防治、造林和更新造林、森林经营管理、采伐林产品管理等林业经营管理活动，稳定和增加碳汇量的过程、活动或机制。

碳汇林业：以吸收固定二氧化碳、充分发挥森林的碳汇功能、减缓气候变化为主要目的的林业活动可统称为碳汇林业，但至少应包括5个方面的内容：①符合国家经济社会可持续发展要求和应对气候变化的国家战略；②除了积累碳汇外，要提高森林生态系统的稳定性、适应性和整体服务功能，推进生物多样性和生态保护，促进社区发展即应有多重效益；③建立与国际接轨并与中国实际结合的技术支撑体系；④促进公众应对气候变化和保护气候意识的提高；⑤借助市场机制和法律手段，推动森林生态服务市场的发育。[2]

碳汇造林：在确定了基线的土地上，以增加森林碳汇为主要目的，对造林和林木生长全过程实施碳汇计量和监测而开展的有特殊要求的造林活动。与普通的造林相比，碳汇造林突出森林的碳汇功能，具有碳汇计量与监测等特殊技术要求，并强调森林的多重效益。[3]

二、我国森林资源概况

全国第八次森林资源清查（2009~2013年）结果表明，全国森林面积2.08亿公顷，森林覆盖率21.63%，森林蓄积151.37亿立方米。人工林面积0.69亿公顷，蓄积量24.83亿立方米，居世界首位。清查结果表明：我国森林资源进入了数量增长、质量提升的稳步发展时期。[4]

三、我国林业发展存在的问题

目前，我国仍然是一个缺林少绿、生态脆弱的国家，森林覆盖率远低于

全球31%的平均水平，人均森林面积仅为世界人均水平的1/4，人均森林蓄积只有世界人均水平的1/7，森林资源总量相对不足、质量不高、分布不均的状况仍未得到根本改变，林业发展还面临着巨大的压力和挑战。

一、实现2020年森林增长目标任务艰巨。从清查结果看，森林"双增"目标前一阶段完成良好，森林蓄积增长目标已完成，森林面积增加目标已完成近六成。但清查结果反映森林面积增速开始放缓，森林面积增量只有上次清查的60%，现有未成林造林地面积比上次森林资源清查少396万公顷，仅有650万公顷。同时，现有宜林地质量好的仅占10%，质量差的多达54%，且2/3分布在西北、西南地区，立地条件差，造林难度越来越大、成本投入越来越高，见效也越来越慢，如期实现森林面积增长目标还要付出艰巨的努力。

二、严守林业生态红线面临的压力巨大。2009~2013年间，各类建设违法违规占用林地面积年均超过200万亩，其中约一半是有林地。国内局部地区毁林开垦问题依然突出。随着城市化、工业化进程的加速，生态建设的空间将被进一步挤压，严守林业生态红线，维护国家生态安全底线的压力日益加大。

三、加强森林经营的要求非常迫切。我国林地生产力低，森林每公顷蓄积量只有世界平均水平131立方米的69%，人工林每公顷蓄积量只有52.76立方米。林木平均胸径只有13.6厘米。龄组结构依然不合理，中幼龄林面积比例高达65%。林分过疏、过密的面积占乔木林的36%。林木蓄积年均枯损量增加18%，达到1.18亿立方米。进一步加大投入，加强森林经营，提高林地生产力、增加森林蓄积量、增强生态服务功能的潜力还很大。

四、森林有效供给与日益增长的社会需求的矛盾依然突出。我国木材对外依存度接近50%，木材安全形势严峻；现有用材林中可采面积仅占13%，可采蓄积仅占23%，可利用资源少，大径材林木和珍贵用材树种更少，木材供需的结构性矛盾十分突出。同时，森林生态系统功能脆弱的状况尚未得到根本改变，生态产品短缺的问题依然是制约我国可持续发展的突出问题。[5]

四、林业在应对气候变化中的功能和作用

森林是陆地生态系统的主体，是利用太阳能的最大载体；森林资源是人类赖以生存的基础资源，具有涵养水源、保持水土、固碳释氧、净化空气、

保护生物多样性等多种功能。保护好森林和林地资源，可增加碳汇、减少碳排放，对减缓和适应气候变化有不可替代的作用。

(一)森林是陆地生态系统最大的储碳库

森林是陆地生态系统最大的储碳库。根据 IPCC 估计，全球陆地生态系统贮存了 2.48 万亿吨碳，其中 1.15 万亿吨碳储存在森林生态系统中，其中植被碳储量约占 20%，土壤碳约占 80%。联合国粮食和农业组织(FAO)对全球森林资源的评估表明，全球森林蓄积量约 4.34 亿立方米，平均每公顷蓄积量 110 立方米。全球森林生物量碳储量达 2827 亿吨碳，平均每公顷森林的生物量碳储量 71.5 吨碳，如果加上土壤、粗木质残体和枯落物中的碳，每公顷森林碳储量达 161.1 吨碳。与工业减排相比，森林固碳投资少，代价低且综合效益大，具有经济可行性和现实操作性。因此，森林被公认为最优的生物固碳方式。[1]

(二)恢复和保护森林是减缓气候变化的重要措施

恢复和保护森林作为低成本减排的重要措施，写入了京都议定书。IPCC 第四次评估报告中指出：与森林相关的措施，可在很大程度上以较低成本减少温室气体排放并增加碳汇，从而减缓气候变化。

同时，毁林会造成大量的碳排放。目前受到破坏并消逝最快的是热带森林。这里的毁林是指森林向其他土地利用的转化或林木冠层覆盖度长期或永久降低到一定阈值以下。由于毁林导致森林覆盖的消失，除毁林过程中收获的部分木材及其木制品中储存的碳可以较长时间保存外，大部分储存在森林中的生物量碳将迅速释放到大气中。同时，毁林还将导致森林土壤有机碳的大量排放。研究表明，森林转化为农地后，由于土壤有机碳输入大大降低和不断的耕作，其碳的损失一般为 60%，最高可达 75%。

(三)林业是适应气候变化的重要措施

所谓适应，是指针对气候变化引起的不良后果采取相应措施，趋利避害，降低气候变化的不利影响和损害。林业是适应气候变化的重要措施。如大规模植树造林、荒漠化防治等。林业具有涵养水源、保持水土、防风固沙等作用。建设农田林网，可以起到保护和改善农业生产条件、提高粮食作物产量的作用；建设沿海防护林、恢复红树林生态系统，对抗御海洋灾害，保护沿海生态环境等具有重要价值；恢复和保护森林植被，对气候变化背景下的生物多样性保护和生态安全的重要作用，是许多工业减排措施所不能及的；培育和采用抗旱抗涝作物品种、加固海岸堤防、减少森林火灾和病虫灾害、加快优良林木品种选育等，有助于提高森林自身适应气候变化的能力，森林适应气候变化能力的增强，反过来也会提高森林减缓气候变化的能力。

（四）木质林产品和林业生物质能源的贮碳减排作用

增加木质林产品使用、提高木材利用率、延长木材使用寿命等都可增强木质林产品储碳能力和减少碳排放。通过提高木材利用率，可降低碳排放速率；延长木材林产品寿命，可减缓其贮存的碳向大气中排放；以耐用木质林产品替代能源型材料，可以大量减少碳排放。如生产水泥、钢材、塑料、砖瓦等能源密集型材料，消耗的能源以化石燃料为主，如果以耐用木质林产品替代这些材料，不但能增加陆地生态系统碳储存，还可减少在生产这些材料过程中因化石燃料燃烧引起的温室气体排放。

（五）林业措施是低成本减排并增加社会就业的有效途径

我国的温室气体排放总量大，正面临着来自国际社会要求减排的巨大压力。而我国正处在工业化、城镇化加速发展时期，总体发展水平仍然较低，未来20~30年是重要的发展机遇期。在今后一段时期，经济社会还将持续快速增长，但我国能源结构以煤为主的局面难以从根本上得到改变。因此，在现有资源、工业技术体系和传统能源消费模式下，我国工业、能源领域温室气体排放仍将持续增长。减少工业排放需要付出较高成本、难度较大。然而森林具有成本低、可持续、可再生、综合效益高等特点，能够为经济发展、生态保护和社会进步带来多重效益，短期和长期内都不会给经济社会发展带来负面影响。[6]

五、应对气候变化给林业带来的发展机遇

国家林业局《应对气候变化林业行动计划》指出，应对气候变化给我国林业的发展带来了机遇：

（1）IPCC第四次评估报告认为：林业是当前和未来30年乃至更长时期内，技术和经济可行、成本较低的减缓气候变化重要措施，可以和适应形成协同效应，在发挥减缓气候变暖作用的同时，带来增加就业和收入、保护水资源和生物多样性、促进减贫等多种效益。在气候变化大背景下，宣传林业减缓气候变化的作用，有助于促进全社会重新认识森林价值和林业工作的重要性，形成全社会重视林业、发展林业的良好氛围。

（2）联合国气候变化框架公约和京都议定书下的创新机制，为促进林业发展提供了新机遇。尤其是基于排放权交易的碳市场的产生和发展，有助于对碳排放行为进行市场定价，通过价格机制既能约束排放主体的排放行为，又能降低全球温室气体减排总成本。林业碳汇是全球碳交易的组成部分。通过碳市场，开展林业碳汇交易，实现林业碳汇功能和效益外部性的内部化。从近期看，有助于将森林生态效益使用者和提供者的利益有机地结合起来，进一步完善生态效益补偿机制。从长远看，则有助于推进林业发展投融资机制的改革和创新。

（3）根据巴厘行动计划，减少发展中国家毁林和森林退化导致的碳排放，以及通过森林保护、可持续经营和造林增加碳汇已成为2012年后发展中国家在更大程度上参与减缓气候变化行动的重要内容。发展中国家在这方面能否采取有效行动，将取决于发达国家在多大程度上为发展中国家提供资金和技术支持等。因此，将林业纳入应对气候变化国际和国内进程，将为林业发展提供新的机会。

（4）充分发挥林业在应对气候变化中的作用，不仅涉及造林、森林经营，还涉及通过发展林木生物质能源替代化石能源和利用生物质材料替代化石能源生产的原材料等方面。如利用油料能源林生产的果实榨油可转化为生物柴油等。这些不仅可以大大降低温室气体排放，也可以为促进林业乃至经济社会可持续发展提供新的增长点。

总之，在应对气候变化大背景下，林业发展既面临着重大挑战，也面临着战略机遇。气候变化将进一步促进各国政府更多地关注林业，加快林业管理制度改革和林业发展机制创新。主动抓住机遇，积极应对挑战，将给各国林业发展带来新动力。[6]

六、我国林业应对气候变化的指导思想及总体目标

我国林业应对气候变化的指导思想是：

以科学发展观为指导，按照《中国应对气候变化国家方案》提出的林业应对气候变化的政策措施，结合林业中长期发展规划，依托林业重点工程，扩大森林面积，提高森林质量，强化森林生态系统、湿地生态系统、荒漠生态系统保护力度。依靠科技进步，转变增长方式，统筹推进林业生态体系、产业体系和生态文化体系建设，不断增强林业碳汇功能，增强中国林业减缓和适应气候变化能力，为发展现代林业、建设生态文明、推动科学发展作出新贡献。

我国林业应对气候变化的总体目标是：

推进宜林荒山荒地造林,扩大湿地恢复和保护范围,加快沙化土地治理步伐。继续实施好天然林保护、退耕还林、京津风沙源治理、速生丰产用材林、防护林体系建设工程和生物质能源林基地建设;努力扩大森林面积,增强中国森林碳汇能力。采取有力措施,加大森林火灾、森林病虫害、野生动物疫源疫病防控力度,合理控制森林资源消耗,打击乱砍滥伐和非法征占用林地和湿地的行为,切实保护好森林、荒漠、湿地生态系统和生物多样性,减少林业碳排放。[6]

七、我国林业减缓气候变化的主要行动

为了充分发挥林业在应对气候变化中的独特作用,根据我国林业可持续发展战略、林业中长期发展规划以及《中国应对气候变化国家方案》对林业发展的总体要求,在提高林业减缓气候变化方面确定了六大领域15项主要行动(表3-1)。具体行动要求,详见《中国应对气候变化国家方案》。

表3-1 我国林业减缓气候变化的重点领域和主要行动

序号	重点领域	主要行动
1	领域一:植树造林	大力推进全民义务植树
2		实施重点工程造林,不断扩大森林面积
3		加快珍贵树种用材林培育
4	领域二:林业生物质能源	实施能源林培育和加工利用一体化项目
5	领域三:森林可持续经营	实施森林经营项目
6		扩大封山育林面积,科学改造人工纯林
7	领域四:森林资源保护	加强森林资源采伐管理
8		加强林地征占用管理
9		提高林业执法能力
10		提高森林火灾防控能力
11		提高森林病虫鼠兔危害的防控能力
12	领域五:林业产业	合理开发和利用生物质材料
13		加强木材高效循环利用
14	领域六:湿地恢复、保护和利用	开展重要湿地的抢救性保护与恢复
15		开展农牧渔业可持续利用示范

八、我国林业适应气候变化的主要行动

根据国家林业局《应对气候变化林业行动计划》,我国林业适应气候变化的主要行动有三大领域 7 项主要行动(表 3-2)。

表 3-2 我国林业适应气候变化的重点领域和主要行动

序号	重点领域	主要行动
1	领域一:森林生态系统	提高人工林生态系统的适应性
2		建立典型森林物种自然保护区
3		加大重点物种保护力度
4		提高野生动物疫源疫病监测预警能力
5	领域二:荒漠生态系统	加强荒漠化地区的植被保护
6	领域三:湿地生态系统	加强湿地保护的基础工作
7		建立和完善湿地自然保护区网络

参考文献

[1]李怒云. 中国林业碳汇[M]. 北京:中国林业出版社,2007.

[2]李怒云. 林业碳汇计量[M]. 北京:中国林业出版社,2009.

[3]国家林业局. 碳汇造林技术规定(试行)[Z]. 2010.

[4]焦玉梅等. 第八次全国森林资源清查结果公布[N]. 中国绿色时报,2014-2-26.

[5]国家林业局. 第八次全国森林资源清查主要结果(2009~2013 年)[N/OL]. 中国林业网,2014-2-25.

[6]国家林业局. 应对气候变化林业行动计划[M]. 北京:中国林业出版社,2010.

第四章　应对气候变化的国际制度与谈判

一、联合国气候大会

1979年在瑞士日内瓦召开的第一次世界气候大会上，科学家们通过测定大气中二氧化碳浓度，认为全球大气二氧化碳浓度增加将导致地球升温。气候变化第一次作为一个受到国际社会关注的问题提上议事日程。之后，国际社会为应对气候变化问题采取了一系列措施，包括1988年成立联合国政府间气候变化专门委员会（IPCC），专门负责评估气候变化状况及其影响等。

联合国气候变化框架公约于1992年5月在巴西里约热内卢举行的联合国环境与发展大会期间正式签署。公约于1993年3月生效，奠定了应对气候变化国际合作的法律基础，是具有权威性、普遍性、全面性的国际框架。自1995年以来，公约缔约方大会（COP）每年召开一次。现将历届气候大会简介如下：

1995年柏林气候大会（COP1）通过了柏林授权书等文件，同意立即开始谈判，就2000年后应该采取何种适当的行动来保护气候进行磋商，以期最迟于1997年签订一项议定书，议定书应明确规定在一定期限内发达国家所应限制和减少的温室气体排放量。

1996年日内瓦气候大会（COP2）就"柏林授权"所涉及的"议定书"起草问题进行讨论，未获一致意见，决定由全体缔约方参加的特设小组继续讨论，并向第三次缔约方大会（COP3）报告结果。通过的其他决定涉及发展中国家准备开始信息通报、技术转让、共同执行活动等。

1997年京都气候大会（COP3），会议通过了京都议定书，对2012年前主要发达国家减排温室气体的种类、减排时间表和额度等作出了具体规定。

1998年布宜诺斯艾利斯气候大会（COP4）上，通过了布宜诺斯艾利斯行动计划，把2000年定为最后期限，要求国际社会必须在此之前解决有关减少温室气体排放的机制问题，即发达国家如何向发展中国家转让环保技术等。在本次会议上，发展中国家集团分化为3个集团，一是易受气候变化影响，自身排放量很小的小岛国联盟（AOSIS），他们自愿承担减排目标；二是期待 CDM 的国家，期望以此获取外汇收入；三是中国和印度，坚持目前不承诺减排义务。

1999 年波恩气候大会（COP5）通过了公约附件Ⅰ所列缔约方国家信息通报编制指南、温室气体清单技术审查指南、全球气候观测系统报告编写指南，并就技术开发与转让、发展中国家及经济转型期国家的能力建设问题进行了协商。

2000 年海牙气候大会（COP6）期间，世界上最大的温室气体排放国美国坚持要大幅度折扣其减排指标，因而使会议陷入僵局，大会主办者不得不宣布休会，将会议延期。谈判形成欧盟—美国—发展中大国（中、印）的三足鼎立之势。美国等少数发达国家执意推销"抵消排放"等方案，并试图以此代替减排方案；欧盟则强调履行京都协议，试图通过减排取得优势；中国和印度坚持不承诺减排义务。

2001 年在摩洛哥马拉喀什气候大会（COP7）上，通过了有关京都议定书履约问题（尤其是 CDM）的一揽子高级别政治决定，形成了马拉喀什协议文件。该协议为京都议定书缔约方批准京都议定书并使其生效铺平了道路。

2002 年新德里气候大会（COP8）通过的《德里宣言》强调减少温室气体的排放与可持续发展仍然是各缔约国今后履约的重要任务。《德里宣言》重申了京都议定书的要求，敦促工业化国家在 2012 年年底以前把温室气体的排放量在 1990 年的基础上减少 5.2%。

2003 年米兰气候大会（COP9）在美国退出京都议定书的情况下，俄罗斯不顾许多与会代表的劝说，仍然拒绝批准其议定书，致使该议定书不能生效。为了抑制气候变化，减少由此带来的经济损失，会议通过了约 20 条具有法律约束力的环保决议。

2004 年布宜诺斯艾利斯气候大会（COP10）来自 150 多个国家的与会代表围绕公约生效 10 周年来取得的成就和未来面临的挑战、气候变化带来的影响、温室气体减排政策以及在公约框架下的技术转让、资金机制、能力建设等重要问题进行了讨论。

2005 年 2 月 16 日，京都议定书正式生效。同年 11 月，在加拿大蒙特利尔气候大会（COP11）达成了 40 多项重要决定。其中包括启动京都议定书第二阶段温室气体减排谈判。本次大会取得的重要成果被称为"蒙特利尔路线图"。

2006 年肯尼亚内罗毕气候大会（COP12）取得了 2 项重要成果：一是达成

包括"内罗毕工作计划"在内的几十项决定,以帮助发展中国家提高应对气候变化的能力;二是在管理"适应基金"的问题上取得一致,将其用于支持发展中国家具体的适应气候变化活动。

2007年12月15日,印度巴厘岛气候大会(COP13)上,180多个国家和地区的代表通过了"巴厘岛路线图",启动了当前的"双轨制"谈判,分别是公约下的长期合作特设工作组谈判和京都议定书特设工作组谈判。

2008年波兰波兹南气候大会(COP14)上八国集团领导人就温室气体长期减排目标达成一致,并声明寻求与公约其他缔约国共同实现到2050年将全球温室气体排放量减少至少一半的长期目标,并在公约相关谈判中与这些国家讨论并通过这一目标。

2009年哥本哈根气候大会(COP15)上,发达国家与发展中国家在减排承诺、长期目标、资金技术等问题上并未达成任何实质性的成果。大会最后形成了不具法律约束力的哥本哈根协议,会议中的五大关键问题尚未解决:一是谈判的基础文件,二是减排目标,三是"三可"问题(可测量、可报告和可核查),四是长期目标,五是资金问题。

2010年坎昆气候大会(COP16),通过了两项应对气候变化决议,推动气候谈判进程继续向前,向国际社会发出了积极信号。会议取得了两项成果,一是坚持了公约、京都议定书和"巴厘路线图",坚持了"共同但有区别的责任"原则,确保了2011年的谈判继续按照巴厘路线图确定的双轨方式进行;二是就适应、技术转让、资金和能力建设等发展中国家关心问题的谈判取得了不同程度的进展。

2011年南非德班气候大会(COP17)通过决议,建立德班增强行动平台特设工作组,决定实施京都议定书第二承诺期并启动绿色气候基金。

2012年多哈气候大会(COP18)从法律上确定了京都议定书第二承诺期,达成了为推进公约实施的长期合作行动全面成果,坚持了"共同但有区别的责任"原则,维护了公约和京都议定书的基本制度框架,这是多哈会议最重要的成果。

2013年华沙气候大会(COP19)主要取得三项成果:一是德班增强行动平台基本体现"共同但有区别的原则";二是发达国家再次承认应出资支持发展中国家应对气候变化;三是就损失损害补偿机制问题达成初步协议,同意开启有关谈判。

2014年利马气候大会(COP20),就2015年巴黎大会协议草案的要素基本达成了一致。进一步细化了 2015 年协议的要素，为各方 2015 年进一步起草并提出协议草案奠定了坚实基础，向国际社会发出了确保多边谈判于 2015 年达成协议的强有力信号。

2015 年巴黎气候大会（COP21），《联合国气候变化框架公约》的近 200 个缔约方达成了新的气候协定——《巴黎协定》，为 2020 年后全球应对气候变化作出了安排。《巴黎协定》规定：各方将把"全球气温控制在升高 2℃ 以内"作为目标，并为把升温幅度控制在 1.5℃ 以内而努力。2020 年后，各国将以"自主贡献"的方式参与全球应对气候变化行动。发达国家将继续带头减排，并加强对发展中国家的资金和技术支持。为解决各国"自主贡献"力度不足以实现控温目标等问题，从 2020 年以后，每 5 年将有一次全球应对看似变化的总体重点，以帮助各国提高行动力度。

二、巴厘路线图

"巴厘路线图"（Bali Road Map）。2007 年在印度尼西亚巴厘岛上举行的公约缔约方第 13 次会议上，通过了"巴厘路线图"。其主要内容包括：大幅度减少全球温室气体排放量，未来的谈判应考虑为所有发达国家（包括美国）设定具体的温室气体减排目标；发展中国家应努力控制温室气体排放增长，但不设定具体目标；为了更有效地应对全球变暖，发达国家有义务在技术开发和转让、资金支持等方面，向发展中国家提供帮助；在 2009 年年底之前，达成接替京都议定书的旨在减缓全球变暖的新协议，建立以京都议定书特设工作组和公约长期合作特设工作组为主的双轨谈判机制，即一方面，签署京都议定书的发达国家要履行京都议定书的规定，承诺 2012 年以后的大幅度量化减排指标；另一方面，发展中国家和未签署京都议定书的发达国家（主要指美国）则要在公约下采取进一步应对气候变化的措施。

在形成的"巴厘路线图"谈判中，国际社会同意将减少发展中国家毁林和森林退化导致的排放，以及通过森林保护、森林可持续管理、增加森林面积而增加的碳汇共同作为减缓措施纳入气候谈判进程；要求发达国家要对发展中国家在林业方面采取的上述减缓行动给予政策和资金激励。巴厘路线图进一步提升了林业在应对全球气候变化中的重要地位。[1]

三、减少毁林和森林退化造成的碳排放

通过保护森林、森林可持续管理、增加森林面积等措施来减少毁林和森

林退化造成的碳排放，进而增加碳汇的措施是目前气候变化谈判中的一个重要议题。

2005年12月，公约于加拿大蒙特利尔举行的会议上，以哥斯达黎加与巴布亚新几内亚为首的雨林国家联盟提出了减少发展中国家源自毁林和森林退化造成的碳排放问题(Reducing Emissions from Deforestation and Degradation，下简称REDD)，这一提案受到了广泛的支持。

2007年12月，在印度尼西亚巴厘岛举行联合国气候大会上REDD作为一种被普遍看好，并拥有巨大潜力的减缓气候变化的措施被列入了"巴厘路线图"。此后，随着气候变化谈判的不断深入，REDD的内容也变得更加充实，在原有的森林保护基础上，增加了造林、森林的可持续管理增加碳汇因素，成为REDD+，其实质是发达国家根据公约有关规定，向发展中国家提供资金和技术支持，以促使发展中国家保护森林，减少森林碳排放，并稳定和增加森林碳汇。

REDD+之所以受到国际社会的广泛关注，是因为森林和减缓气候变暖之间有着密切联系。首先，作为陆地生态系统的主体，森林在生长过程中，通过光合作用可以吸收大气中的CO_2，并将其固定在植物体内和土壤中，这就是森林的碳汇功能。其次，采伐森林、毁林或者发生森林火灾、病虫害后，森林生态系统中储存的碳，除一部分通过加工成木材制品继续发挥储碳作用外，大部分贮存在森林生物量和土壤中的有机碳都将被逐步分解成CO_2，重新释放到大气中。[2]

（一）华沙REDD+框架

2013年11月22日，华沙气候大会就激励和支持发展中国家减少毁林及森林退化导致的排放、森林保护、森林可持续经营和增加碳储量行动(简称REDD+行动)议题通过了一揽子决定，表明该议题谈判在此次华沙气候大会期间取得了重要进展。这个一揽子决定的通过，标志着在发达国家支持下，发展中国家将开始全面实施减少森林碳排放和增加森林碳汇行动。美国、挪威和英国政府在会议期间宣布出资2.8亿美元支持"华沙REDD+框架"。

"华沙REDD+框架"共由7项决定组成，主要明确了发达国家通过公约下的"绿色气候基金"和其他多种渠道为支持发展中国家实施REDD+行动提供新的、额外的、充足的和可预见的资金支持，"绿色气候基金"等资金实体将依据各方在公约下谈判制定的技术指南为REDD+行动提供资金支持，各国实施各阶段的 REDD + 行动都有平等获取资金支持的权力。[3]

(二)REDD + 伙伴关系

2010 年 5 月 27 日在挪威首都奥斯陆召开的"气候变化和森林大会"宣布成立的自愿性、不具法律约束力的、临时的全球森林伙伴关系和临时性合作平台,旨在推进发展中国家尽快实施减少毁林、森林退化排放,以及森林保护、可持续管理等增加碳汇行动,促进发达国家为这些行动提供资金支持。现有 73 个成员国和一些国际组织作为观察员,中国于该伙伴关系成立时,即正式加入为成员国。虽然该伙伴关系目前提供的资金与 REDD + 实际需求的资金相比还相差很多,也缺乏详细的框架,但它是由所有参与国共同推进的,是国际社会为努力实现 REDD + 行动所迈出的重要而坚实的第一步,它标志着国际社会关于减少发展中国家毁林和森林退化开始了更紧密的全球合作。民间社会和非政府组织将密切关注资金的具体使用情况及毁林率的实际下降水平。[4]

四、森林碳伙伴基金

2007 年,在印度尼西亚巴厘岛召开的公约第 13 次缔约方大会(COP13)上,参会国家组织酝酿建立一个专门的基金用于支持开展 REDD + 试点活动,旨在帮助发展中国家"减少毁林和森林退化造成的碳排放,以及加强森林经营、增加森林面积和森林碳汇"。在 11 个有意愿捐资的国家和组织同意的条件下,2008 年 6 月"森林伙伴基金"正式成立并开始运行。

森林碳伙伴基金包含两个专项基金,一个是"准备基金",计划筹集资金 1.85 亿美元,主要用于 2008～2012 年的项目前期准备和能力建设,包括建立项目运行框架和监管体系;另一个是"碳基金",计划筹集 2 亿美元,主要用于 2011～2015 年间,推动前期准备充分的国家特别是第一批参加森林碳伙伴基金项目的国家,通过碳基金向发达国家"出售"碳信用指标。准备基金和碳基金分别以拨款和购买核证温室气体减排量的形式向参与 REDD + 项目的国家提供资金支持。

森林碳伙伴基金所开展的 REDD + 准备与示范活动,正是当前国际气候谈判的林业热点议题。所开展的活动在一定程度上反映了 REDD + 的国际进程,能为气候变化相关议题谈判提供经验和借鉴。[5]

五、全球环境基金

全球环境基金(Global Environment Facility,GEF)是包括气候变化、生物

多样性、持久性有机污染物等多个领域的国际环境公约资金机制。全球环境基金成立于1991年10月，最初是世界银行的一项支持全球环境保护和促进环境可持续发展的10亿美元试点项目。在1994年里约峰会期间，全球环境基金进行了重组，与世界银行分离，成为一个独立的常设机构。全球环境基金改为独立机构的决定提高了发展中国家参与决策和项目实施的力度。

全球环境基金的任务是为弥补将一个具有国家效益的项目转变为具有全球环境效益的项目过程中产生的"增量"或附加成本提供新的额外赠款和优惠资助。

全球环境基金是由183个国家和地区组成的国际合作机构，其宗旨是与国际机构、社会团体及私营部门合作，协力解决环境问题。

自1991年以来，全球环境基金已为165个发展中国家的3690个项目提供了125亿美元的赠款并撬动了580亿美元的联合融资。23年来，发达国家和发展中国家利用这些资金支持相关项目和规划实施过程中与生物多样性、气候变化、国际水域、土地退化、化学品和废弃物有关的环境保护活动。全球环境基金作为下列公约的资金机制提供相关服务：生物多样性公约（CBD）、关于持久性有机污染物的斯德哥尔摩公约（POPs）、联合国防治荒漠化公约（UNCCD）、关于汞的水俣公约。

从基金的管理角度来讲，GEF也存在着一些不足：一是受援国不能直接从全球环境基金申请资金，只能通过国际执行机构申请项目，但在某些情况下，往往由于国际执行机构内部决策程序导致项目周期的拖延；二是全球环境基金不具备法律地位，无法实施部分改革计划，如增强国际执行机构间竞争和不通过国际执行机构直接拨付资金等政策；三是按照增量成本的原则，全球环境基金通常会要求受援国对受赠项目提供配比支持，从而增加了发展中国家，尤其是最不发达国家申请项目的难度。

六、绿色气候基金

绿色气候基金（Green Climate Fund，GCF）是一个正式机构，由公约指导其规则和操作。2009年在丹麦哥本哈根举行的公约缔约方第15次会议上，决定建立由发达国家注资并帮助发展中国家减缓和适应气候变化的绿色气候基金。该基金于2011年正式启动，但资金落实与执行进展缓慢。

据联合国哥本哈根气候大会达成的协议内容，绿色气候基金将作为缔约方会议的一种金融体制的运作实体，用以支持发展中国家关于缓解气候变化的行动，包括 REDD 计划、适应行动、其他建筑、技术开发和转移在内的方案、项目、政策和其他活动。而根据协议内容，在实际延缓气候变化举措和实行减排措施透明的背景下，发达国家承诺在 2020 年前，每年筹集 1000 亿美元用于解决发展中国家的减排需求。这些资金将有多种来源，包括政府资金和私人资金、双边和多边筹资，以及另类资金来源。多边资金的发放将通过实际和高效的资金安排，以及为发达国家和发展中国家提供平等代表权的治理架构来实现。此类资金中的很大一部分将通过哥本哈根绿色气候基金来发放给发展中国家。[6]

尽管绿色气候基金是为帮助发展中国家而设立的，但一些发展中国家也为其注资。2015 年 4 月，已有 33 个国家许诺注资 102 亿美元。其中八个是发展中国家，共许诺注资 1.236 亿美元，它们是：智利、哥伦比亚、印度尼西亚、墨西哥、蒙古、巴拿马、秘鲁和韩国。

七、气候谈判中的利益集团

出于各自利益的不同，当前的气候变化国际谈判分成三股力量——欧盟、伞形集团（美国、加拿大、澳大利亚和日本等）、发展中国家（77 国集团 + 中国）。

欧盟将自己视为应对气候变化的领导者，在节能减排立法、政策、行动和技术方面一直处于领先地位，力图主导国际气候变化谈判的走向。极力要求立即采取较激进的"减"即采取较激进的减、限排温室气体措施。

伞形集团是一个区别于传统西方发达国家的阵营划分，用以特指在当前全球气候变暖议题上不同立场的国家利益集团，具体是指除欧盟以外的其他发达国家，包括美国、日本、加拿大、澳大利亚、新西兰、挪威、俄罗斯、乌克兰。多为能源消耗或减排压力较大的国家。由于担心减排行动对本国的经济造成过大负担，它们反对立即采取减、限排措施，中期减排目标低，且以一些发展中国家参与减排为前提条件。

"七十七国集团 + 中国"认为发达国家应对全球气候变化承担历史和现实责任，应率先采取减排行动；反对目前情况下由发展中国家承担减、限排温室气体义务，担心因此阻碍其自身的经济发展。但由于集团庞大，分歧较大。

"基础四国"（The BASIC Countries）是由巴西（Brazil）、南非（South Africa）、印度（India）和中国（China）四个主要发展中国家组成的《联合国气候变化框架公约》下的谈判集团，取四国英文名首字母拼成的单词"BASIC"（意为"基础的"）为名。

（一）"基础四国"机制的由来

"基础四国"机制于2009年11月28日联合国哥本哈根气候大会召开前夕，在中国的倡议和推动下形成。自此之后，四国每季度轮流在本国主持召开气候变化部长级会议，就气候变化相关重点议题、发展中国家的关切进行讨论和立场协调。通过这一有效的协调机制，四国在历次气候变化国际谈判协调会和缔约方大会期间以"基础四国"名义进行统一发声，已对谈判进程产生了重大影响，成为"七十七国集团＋中国"中一股不容小觑的代表性力量。

作为世界主要新兴经济体，四国在发展中国家和全球政治经济事务中都有举足轻重的地位和影响。气候变化谈判中"基础四国"机制的形成标志着面对发达国家主导国际体系的现状，发展中大国开始有意识地团结、协调并坚持自身立场，以维护广大发展中国家利益，这对现有气候变化全球治理而言是一个新变量。

（二）"基础四国"的主要立场

"基础四国"共同的立场主要体现在以下几个方面：

（1）在公约的体制内，坚持公平和"共同但有区别的责任"原则，严格遵循联合国的议事规则和相关谈判授权；

（2）坚持发达国家应率先采取行动，切实履行京都议定书的承诺，承担绝对量化减排义务，发展中国家在可持续发展的框架内开展适合本国国情的减排行动；

（3）发达国家要切实落实为发展中国家提供资金、技术和能力建设支持的承诺，支持发展中国家在获得支持的前提下开展符合本国可持续发展需求的减排行动；

（4）坚定支持"七十七国集团＋中国"，共同维护广大发展中国家的集体利益。[7]

八、中国自主减排承诺

2009年12月18日，中国国务院前总理温家宝在哥本哈根出席联合国气候变化大会领导人会议，发表讲话并指出中国1990至2005年，单位国内生产总值二氧化碳排放强度下降46%。在此基础上，又提出，到2020年单位国内生产总值二氧化碳排放比 2005 年下降 40%~45%，在如此短时间内这样大规模降低二氧化碳排放，需要付出艰苦卓绝的努力。减排目标将作为约束性指标纳入国民经济和社会发展的中长期规划，保证承诺的执行受到法律和舆论的监督。[8]

2015 年 6 月 30 日，在即将召开气候大会的法国，中国国家总理李克强宣布了中国最新的自主减排承诺：二氧化碳排放在 2030 年左右达到峰值并争取尽早达峰；单位国内生产总值二氧化碳排放比 2005 年下降 60%~65%，非化石能源占一次能源消费比重达到 20% 左右，森林蓄积量比 2005 年增加 45 亿立方米左右。[9]

九、中国应对气候变化国家自主贡献

2015 年 6 月 30 日，中国向公约秘书处提交了应对气候变化国家自主贡献报告"强化应对气候变化行动——中国国家自主贡献"。中国自主贡献报告主要包括以下内容：

（1）所取得的成效。多年来，中国积极实施应对气候变化相关国家战略，加快推进产业结构和能源结构调整，大力开展节能减碳和生态建设，开展碳排放权交易试点和低碳省（市）试点，取得明显成效。2014 年，中国单位国内生产总值二氧化碳排放比 2005 年下降 33.8%，非化石能源占一次能源消费比重达到 11.2%，森林面积比 2005 年增加 2160 万公顷，森林蓄积量比 2005 年增加 21.88 亿立方米。

（2）行动目标。中国确定的 2020 年行动目标是：单位国内生产总值二氧化碳排放比 2005 年下降 40%~45%，非化石能源占一次能源消费比重达到 15% 左右，森林面积比 2005 年增加 4000 万公顷，森林蓄积量比 2005 年增加 13 亿立方米。

2030 年行动目标是：二氧化碳排放 2030 年左右达到峰值并争取尽早达峰；单位国内生产总值二氧化碳排放比 2005 年下降 60%~65%，非化石能源占一次能源消费比重达到 20% 左右，森林蓄积量比 2005 年增加 45 亿立方米左右。

（3）实现目标的政策和措施。为实现应对气候变化自主行动目标，中国将在已采取行动的基础上，在国家战略、区域战略、能源体系、产业体系、建筑交通、森林碳汇、生活方式、适应能力、低碳发展模式、科技支撑、资金政策支持、碳交易市场、统计核算体系、社会参与、国际合作等 15 个方面持续不断地做出努力。

（4）关于2015年协议谈判的立场。2015年协议谈判在公约下进行，以公约原则为指导，旨在进一步加强公约的全面、有效和持续实施。谈判的结果应遵循公约原则，充分考虑发达国家和发展中国家间不同的历史责任、国情、发展阶段和能力，全面平衡体现减缓、适应、资金、技术开发和转让、能力建设、行动和支持的透明度各个要素。谈判进程应遵循公开透明、广泛参与、缔约方驱动、协商一致的原则。发达国家根据公约的要求，承诺到2030年有力度的全经济范围绝对量减排目标，为发展中国家制定和实施国家适应计划、开展相关项目提供支持，为发展中国家的强化行动提供资金、技术和能力建设等方面的支持；发展中国家在可持续发展框架下，在发达国家资金、技术和能力建设支持下，采取多样化的强化减缓行动和相应的适应行动。[10]

十、世界其他主要国家新一轮自主减排承诺目标

目前，对全球应对气候变化行动作出强制性量化安排并具备法律约束力的是2005年生效的京都议定书，且第二承诺期即将于2020年到期。在2020年京都议定书第二承诺期结束后，全球气候新协议将继续确定全球各方如何分担应对气候变化的责任。

2013年在华沙举行的公约缔约方第19次大会上为新协议的谈判奠定基础，2014年，利马气候大会（COP20）就继续推动"德班平台"谈判达成共识，并进一步细化了新协议的各项要素，经过大会协商，所有成员国都应在2015年10月1日前提交各自的减排方案（自主决定贡献，INDC），为2015年底在法国巴黎气候大会上新的全球协议的达成奠定基础。这将成为2020年后唯一具备法律约束力的全球气候协议，也将成为公约中新的核心。

（一）美国

2014年APEC会议上，中美双方在中美气候变化联合声明中宣布了各自2020年后的行动目标。其中，美国计划于2025年实现在2005年基础上减排26%~28%的全经济范围减排目标并将努力减排28%。这为实质性地推进2015巴黎气候大会会议进程进而最终为协议签署打下了坚实基础。

（二）欧盟

2014年10月24日，欧洲理事会宣布通过欧盟委员会今年初提出的2030年气候与能源政策框架。该协议要求欧盟成员国到2030年，相比1990

年的水平，共同减少国内的温室气体排放量至少40%，并把可再生能源在欧洲能源结构中的占比提高至27%，而且这些目标将对所有成员国具有法律约束力。

（三）日本

就日本削减温室气体排放量问题，日本政府于2015年7月17日在"全球气候变暖对策推进本部"正式决议通过新的削减目标，计划至2030年温室气体排放量与2013年相比减少26%，与2005年排放基准值相比降低25.4%。

（四）加拿大

2015年5月15日加拿大就削减该国温室气体排放做出承诺。根据这一承诺，到2030年，加拿大的温室气体排放量将比2005年下降30%。与加拿大国内联邦层面削减温室气体排放标准不同，加拿大的各省和特区也各有自己的减排标准。安大略省在联邦政府公布减排目标的前一天，即5月14日，率先公布了该省的中期减排目标，即到2030年，该省温室气体排放量将削减至1990年的37%。安大略是加拿大首个设立中期目标的省份。

（五）澳大利亚

2015年8月11日，澳大利亚总理阿博特在堪培拉宣布，到2030年，澳大利亚人均排放量与2005年相比将会下降至少50%，单位GDP的排放量将下降64%。阿博特说，到2030年，澳大利亚温室气体排放量与2005年相比将减少26%~28%。

（六）瑞士

2015年2月27日，瑞士公布其自主减排方案，承诺到2030年温室气体排放水平将在1990年的基础上减少50%。瑞士成为依据利马气候谈判而提交减排方案的第一个国家。瑞士联邦环境办公室提到，50%的减排目标中至少30%来自于国内，如新能源汽车的使用、化石燃料减少，其余将来自于瑞士对海外减排项目的投资。

（七）新西兰

为应对2015年即将到来的巴黎气候变化大会，新西兰到2020年制定的减排目标是比1990年减少5%排放，2030年比1990年减少11%（或比2005年减少30%），到2050年比1990年减少50%。

（八）墨西哥

2015年3月，墨西哥政府在向联合国提交的国家自主贡献预案（Intended Nationally Determined Contributions，简称 INDCs)中表示，墨西哥将于 2026 年底前碳排放量达到峰值，并承诺至 2030 年温室气体排放减少 22%，黑碳排放减少 51%。

(九)俄罗斯

联合国气候变化框架公约秘书处称，为了在 2015 年末的巴黎气候变化大会上达成多边协议，俄罗斯于 2015 年 3 月 31 日，公布了其 2020 年后的减排目标。计划在 1990 年至 2030 年间减少温室气体排放量 25%~30%。

(十)哥伦比亚

哥伦比亚政府于 2015 年 7 月 21 日表示，为应对全球变暖，哥伦比亚作为南美第三大经济体，承诺到 2030 年减少至少 20%的碳排放量。

参考文献

[1] 辛本健. 具有里程碑意义的"路线图"[N]. 人民日报，2007-12-17.

[2] 王春峰. REDD+谈判议题的进展和走向，应付气候变化报告 2010[M]. 北京：社会科学文献出版社，2010.

[3] 王春峰，等. 华沙气候大会通过有关林业一揽子决定[N/OL]. 中国林业新闻网，2013-11-26.

[4] 肖军."奥斯陆气候变化与森林大会"正式建立 REDD+伙伴关系[N/OL]. 中国林业网，2011-1-14.

[5] 李怒云. 森林碳伙伴基金运行模式及对中国的启示[J]. 林业经济，2013，35(8)：10-13.

[6] 网易财经气候大会闭幕 成立哥本哈根绿色气候基金[N/OL]. 中国气候变化信息网，2009-12-21.

[7] 张晓华，等. 当代世界：气候变化国际谈判中"基础四国"机制的作用和影响[N]. 人民网，2014-9-15.

[8] QG K RGW. 温家宝总理在哥本哈根气候变化会议领导人会议上的讲话[N/OL]. 新华网，2009-12-19.

[9] 李瑜. 中国减排承诺：数字背后有乾坤[N]. 中国科学报，2015-7-7.

[10] 国家发展改革委. 我国提交应对气候变化国家自主贡献文件[N/OL]. 国家发展改革委网站，2015-6-30.

第五章 中国应对气候变化政策和管理机构

一、应对气候变化政策

(一)中国应对气候变化的指导思想和原则

我国应对气候变化的指导思想是:

以邓小平理论、"三个代表"重要思想、科学发展观为指导,深入贯彻党的十八大和十八届二中、三中全会精神,认真落实党中央、国务院的各项决策部署,牢固树立生态文明理念,坚持节约能源和保护环境的基本国策,统筹国内与国际、当前与长远,减缓与适应并重,坚持科技创新、管理创新和体制机制创新,健全法律法规标准和政策体系,不断调整经济结构、优化能源结构、提高能源效率、增加森林碳汇,有效控制温室气体排放,努力走一条符合中国国情的发展经济与应对气候变化双赢的可持续发展之路。坚持"共同但有区别"的责任原则、公平原则、各自能力原则,深化国际交流与合作,同国际社会一道积极应对全球气候变化。

我国应对气候变化的基本原则是:

1. 坚持国内和国际两个大局统筹考虑。从现实国情和需要出发,大力促进绿色低碳发展。积极建设性参与国际合作应对气候变化进程,发挥负责任大国作用,有效维护我国正当发展权益,为应对全球气候变化作出积极贡献。

2. 坚持减缓和适应气候变化同步推动。积极控制温室气体排放,遏制排放过快的增长势头。加强气候变化系统观测、科学研究和影响评估,因地制宜采取有效地适应措施。

3. 坚持科技创新和制度创新相辅相成。加强科技创新和推广应用,增强应对气候变化科技支撑能力。注重制度创新和政策设计,为应对气候变化提供有效的体制机制保障,充分发挥市场机制作用。

4. 坚持政府引导和社会参与紧密结合。发挥政府在应对气候变化工作中的引导作用,形成有效的激励机制和良好的舆论氛围。充分发挥企业、公众和社会组织的作用,形成全社会积极应对气候变化的合力。[1]

(二)中国应对气候变化国家方案

根据联合国气候变化框架公约的规定,以及中国国情和落实科学发展观的内在要求,按照国务院部署,国家发展改革委组织有关部门和几十名专家,历时两年,编制了中国应对气候变化国家方案(简称国家方案),2007年由国务院正式对外发布。国家方案回顾了我国气候变化的状况和应对气候变化的不懈努力,分析了气候变化对我国的影响与挑战,提出了应对气候变化的指导思想、原则、目标以及相关政策和措施,阐明了我国对气候变化若干问题的基本立场及国际合作需求。我国的国家方案是发展中国家颁布的第一部应对气候变化的国家方案。[2]

(三)中国应对气候变化的政策与行动白皮书

2008年10月29日,国务院新闻办公室以中文、英文、法文、俄文、德文、西班牙文、阿拉伯文和日文等8种文字发布了中国应对气候变化的政策与行动白皮书,内容包括气候变化与中国国情、气候变化对中国的影响、应对气候变化的战略和目标、减缓和适应气候变化的政策与行动、提高全社会应对气候变化意识、加强气候变化领域国际合作、应对气候变化的体制机制建设八个部分。自2008年以来,我国每年都发布中国应对气候变化的政策与行动白皮书。

(四)国家适应气候变化战略

为提高国家适应气候变化综合能力,国家发展改革委、财政部、农业部、气象局、林业局等九部门历时两年多联合编制完成了国家适应气候变化战略。它是中国第一部专门针对适应气候变化方面的战略规划,于2013年11月在华沙气候变化大会上,由中国政府代表团团长、国家发展和改革委员会副主任解振华在"中国角"举行的"应对气候变化高级别论坛"上对外宣布正式发布。《国家适应气候变化战略》全文共1.8万多字,分为面临的形势、总体要求、重点任务、区域格局以及保障措施五个部分。《国家适应气候变化战略》在充分评估了气候变化当前和未来对中国影响的基础上,明确了国家适应气候变化工作的指导思想和原则,提出了适应目标、重点任务、区域格局和保障措施,为统筹协调开展适应工作提供指导。[3]

(五)关于加快推进生态文明建设的意见

2015年5月,中共中央、国务院发布了关于加快推进生态文明建设的意见(下简称意见)。意见是中共中央就生态文明建设做出专题部署的第一个文件,充分体现了以习近平同志为总书记的党中央对生态文明建设的高度重视。意见明确了生态文明建设的总体要求、目标愿景、重点任务和制度体系，突出体现了战略性、综合性、系统性和可操作性，是当前和今后一个时期推动我国生态文明建设的纲领性文件。

意见通篇贯穿了绿水青山就是金山银山的理念，包括指导思想、基本原则、主要目标、重点任务、制度安排、政策措施等9个部分共35条。主要内容概括起来就是"五位一体、五个坚持、四项任务、四项保障机制"。

"五位一体"，就是围绕十八大关于"将生态文明建设融入经济、政治、文化、社会建设各方面和全过程"的要求，提出了具体的实现路径和融合方式。

"五个坚持"，就是坚持把节约优先、保护优先、自然恢复为主作为基本方针，坚持把绿色发展、循环发展、低碳发展作为基本途径，坚持把深化改革和创新驱动作为基本动力，坚持把培育生态文化作为重要支撑，坚持把重点突破和整体推进作为工作方式，将中央关于生态文明建设的总体要求明晰细化。

"四项任务"，就是明确了优化国土空间开发格局、加快技术创新和结构调整、促进资源节约循环高效利用、加大自然生态系统和环境保护力度等4个方面的重点任务。

"四项保障机制"，就是提出了健全生态文明制度体系、加强统计监测和执法监督、加快形成良好社会风尚、切实加强组织领导等4个方面的保障机制。

（六）中美气候变化联合声明

中美气候变化联合声明（下简称声明）是2014年11月12日中、美两国于北京共同发布的文件，其旨在宣布加强清洁能源和环保领域的合作。美国计划于2025年实现在2005年基础上减排26%～28%的全经济范围减排目标并将努力减排28%。中国计划2030年左右二氧化碳排放达到峰值且将努力早日达峰，并计划到2030年非化石能源占一次能源消费比重提高到20%左右。双方均计划继续努力并随时间而提高力度。声明的发布对中国和美国在应对全球气候变化这一人类面临的最大威胁上具有重要作用。[4]

（七）中欧气候变化联合声明

2015年6月29日，第17次中欧领导人会晤在布鲁塞尔举行，李克强总理同欧洲理事会主席图斯克、欧盟委员会主席容克共同主持。会晤取得重要成果，发表了会晤联合声明和关于气候变化的中欧气候变化联合声明，在科技、知识产权、区域政策、海关等领域签署多项合作文件,并就广泛议题达成共识。中欧气候变化联合声明以现有中欧碳排放交易能力建设合作项目为基础并加以拓展,进一步加强碳市场方面的已有双边合作,并在今后几年共同研究碳排放交易相关问题;加强清洁和可再生能源、低碳技术及适应方案的开发和应用研究合作和技术创新合作。全文共九条。[5]

(八)国家应对气候变化规划(2014~2020年)

2014年9月,国务院正式批复同意国家应对气候变化规划(2014~2020年)(下简称规划)。规划分析了全球气候变化趋势及对我国影响、我国应对气候变化工作现状、面临的形势,提出了积极应对气候变化的战略要求,指出要把积极应对气候变化作为国家重大战略,作为生态文明建设的重大举措,充分发挥应对气候变化对相关工作的引领作用。全文共13章,提出了我国应对气候变化工作的指导思想、目标要求、政策导向、重点任务及保障措施等。[6]

(九)清洁发展机制项目运行管理办法

为促进和规范清洁发展机制项目的有效有序运行,履行公约、京都议定书以及缔约方会议的有关决定,根据中华人民共和国行政许可法等有关规定,国家发展和改革委员会、科技部、外交部、财政部制定于2011年发布了清洁发展机制项目运行管理办法。清洁发展机制项目运行管理办法包括总则、管理体制、申请和实施程序、法律责任、附则共5章39条,同时附有可直接向国家发展改革委提交清洁发展机制项目申请的中央企业名单。

(十)温室气体自愿减排交易管理暂行办法

为保障自愿减排交易活动有序开展,调动全社会自觉参与碳减排活动的积极性,为逐步建立总量控制下的碳排放权交易市场积累经验,奠定技术和规则基础,2012年6月13日,国家发展改革委印发了温室气体自愿减排交易管理暂行办法(发改气候〔2012〕1668号)。该暂行办法分总则、自愿减排项目管理、项目减排量管理、减排量交易、审定与核证管理、附则共6章31条,自印发之日起施行。[7]

(十一)温室气体自愿减排项目审定与核证指南

为在实际工作中顺利执行温室气体自愿减排交易活动管理暂行办法的规定,确保审定与核证机构的资质符合条件,对审定与核证工作把好质量关,有必要进一步明确和细化相关要求。为此,国家发展改革委组织专家,参考公约、京都议定书下的清洁发展机制项目审定与核证的相关规定,结合国内开展自愿减排交易的具体实际,编制了温室气体自愿减排项目审定与核证指南,明确审定与核证相关要求、工作程序和报告格式,保证审定与核证工作的规范、客观和公正。

指南共分为两章。第一章"审定与核证机构备案的具体要求"。本章对温室气体自愿减排交易管理暂行办法中提出的审定与核证机构备案要求进行了细化。第二章"审定与核证工作的原则、程序和要求"。本章主要按照审定与核证工作的流程,对涉及的每个环节做出了细致的要求和规定。[8]

(十二)碳排放权交易管理暂行办法

为推进生态文明建设,加快经济发展方式转变,促进体制机制创新,充分发挥市场在温室气体排放资源配置中的决定性作用,加强对温室气体排放的控制和管理,规范碳排放权交易市场的建设和运行,落实党的十八届三中全会决定、"十二五"规划《纲要》和国务院"十二五"控制温室气体排放工作方案的要求,推动建立全国碳排放权交易市场,2014年12月10日,国家发展改革委发布了第17号令——碳排放权交易管理暂行办法。该管理暂行办法分总则、配额管理、排放交易、核查与配额清缴、监督管理、法律责任、附则共七章48条,自公布之日起30日后施行。[9]

(十三)林业应对气候变化"十二五"行动要点

为贯彻落实《中华人民共和国国民经济和社会发展第十二个五年规划纲要》、《林业发展"十二五"规划》和《应对气候变化林业行动计划》,进一步推进"十二五"期间林业应对气候变化工作,国家林业局组织制定了《林业应对气候变化"十二五"行动要点》(下简称《行动要点》)。《行动要点》分3个重点领域、15个主要行动。其中,重点领域是减缓领域、适应领域与能力建设。主要行动分别是加快推进造林绿化、全面开展森林抚育经营、加强森林资源管理、强化森林灾害防控、培育新兴林业产业等。[10]

(十四)应对气候变化林业行动计划

2009年11月6日,国家林业局召开新闻发布会,发布了应对气候变化林业行动计划(下简称林业行动计划)。为贯彻落实《中国应对气候变化国家方案》赋予林业的任务,林业行动计划确定了5项基本原则、3个阶段性目标,实施22项主要行动,指导各级林业部门开展应对气候变化工作。

林业行动计划规定的5项基本原则是:坚持林业发展目标和国家应对气候变化战略相结合,坚持扩大森林面积和提高森林质量相结合,坚持增加碳汇和控制排放相结合,坚持政府主导和社会参与相结合,坚持减缓与适应相结合。

3个阶段性目标是：到2010年，年均造林育林面积400万公顷以上，全国森林覆盖率达到20%，森林蓄积量达到132亿立方米，全国森林碳汇能力得到较大增长；到2020年，年均造林育林面积500万公顷以上，全国森林覆盖率增加到23%，森林蓄积量达到140亿立方米，森林碳汇能力得到进一步提高；到2050年，比2020年净增森林面积4700万公顷，森林覆盖率达到并稳定在26%以上，森林碳汇能力保持相对稳定。

(十五)全国林业生物质能源发展规划(2011～2020年)

为促进林业生物质能发展，替代部分化石能源，促进能源和林业可持续发展，依据可再生能源法和可再生能源发展"十二五"规划，国家林业局制定了林业生物质能发展规划(2011～2020年)。全文共分为规划基础和背景、指导方针和目标、建设布局、规划实施和效益分析共5章内容。[11]

(十六)2014年林业应对气候变化政策与行动白皮书

为全面反映2013年林业应对气候变化工作行动与成效，国家林业局组织编制了《2014年林业应对气候变化政策与行动白皮书》(下简称《白皮书》)。《白皮书》共由10项内容组成，分别是着力加强林业应对气候变化政策研究，强化宏观指导；坚持加强森林资源培育，努力增加碳汇；全面加强林业资源管理，努力减少林业排放；深入推进全国林业碳汇计量监测体系建设，科学测算林业碳汇；积极探索林业碳汇交易，助力实现国家应对气候行动目标；加强林业应对气候变化技术规范建设，完善技术制度；强化林业应对气候变化科学研究，提升科技支撑能力；加强业务培训与政策宣传，加快人才队伍建设；积极推进气候变化。[12]

(十七)我国应对气候变化的相关政策文件

我国积极应对气候变化，相继出台了一系列有关的政策和规定。

(1)国务院关于落实科学发展观加强环境保护的决定(国发〔2005〕39号)

(2)国务院关于印发节能减排综合性工作方案的通知(国发〔2007〕15号)

(3)国务院关于印发中国应对气候变化国家方案的通知(国发〔2007〕20号)

(4)国务院办公厅关于印发2009年节能减排工作安排的通知(国办发〔2009〕48号)

（5）国务院关于进一步加大工作力度确保实现"十一五"节能减排目标的通知（国发〔2010〕12号）

（6）中华人民共和国财政部、国家发展和改革委员会、外交部、科学技术部、环境保护部、农业部、中国气象局关于联合印发《中国清洁发展机制基金管理办法》的通知（国发〔2011〕3号）

（7）国务院关于印发"十二五"节能减排综合性工作方案的通知（国发〔2011〕26号）

（8）国务院关于印发"十二五"控制温室气体排放工作方案的通知（国发〔2011〕41号）

（9）国务院关于印发节能减排"十二五"规划的通知（国发〔2012〕40号）

（10）国务院关于加快发展节能环保产业的意见（国发〔2013〕30号）

（11）国务院办公厅关于调整国家应对气候变化及节能减排工作领导小组组成人员的通知（国办发〔2013〕72号）

（12）国务院关于印发全国资源型城市可持续发展规划（2013~2020年）的通知（国发〔2013〕45号）

（13）中华人民共和国发展改革委、财政部、住房城乡建设部、交通运输部、水利部、农业部、林业局、气象局、海洋局关于印发《国家适应气候变化战略》的通知（发改气候〔2013〕2252号）

（14）中华人民共和国发展改革委、财政部、国土资源部、水利部、农业部、林业局关于印发国家生态文明先行示范区建设方案（试行）的通知（发改气候〔2013〕2420号）

（15）国务院办公厅关于印发2014~2015年节能减排低碳发展行动方案的通知（国办发〔2014〕23号）

（16）国务院办公厅关于印发能源发展战略行动计划（2014~2020年）的通知（国办发〔2014〕31号）

（17）国务院关于国家应对气候变化规划（2014~2020年）的批复（国函〔2014〕126号）

（18）中共中央国务院关于加快推进生态文明建设的意见（中发〔2015〕12号）

（19）国家发展改革委关于推动碳捕集、利用和封存试验示范的通知（发改气候〔2013〕849号）

（20）国家发展改革委关于开展碳排放权交易试点工作的通知（发改办气

候〔2011〕2601号)

(21)国家发展改革委关于开展碳排放权交易试点工作的通知(发改办气候〔2011〕2601号)

(22)国家发展改革委、财政部关于印发《中国清洁发展机制基金有偿使用管理办法》的通知(发改气候〔2012〕3407号)

(23)国家发展改革委、财政部关于印发《中国清洁发展机制基金赠款项目管理办法》的通知(发改气候〔2012〕3407号)

(24)发展改革委、国家认监委关于印发《低碳产品认证管理暂行办法》的通知(发改气候〔2013〕279号)

(25)发展改革委关于印发西部地区重点生态区综合治理规划纲要的通知(发改气候〔2013〕336号)

(26)国家发展改革委、国家统计局关于加强应对气候变化统计工作的意见的通知(发改气候〔2013〕937号)

(27)国家发展改革委关于开展低碳社区试点工作的通知(发改气候〔2014〕489号)

(28)国家发展改革委关于印发《单位国内生产总值二氧化碳排放降低目标责任考核评估办法》的通知(发改气候〔2014〕1828号)

(29)国家发展改革委《国家重点推广的低碳技术目录》(2014年第13号公告)

(30)国家发展改革委关于印发国家应对气候变化规划(2014~2020年)的通知(发改气候〔2014〕2347号)

(31)国家发展改革委关于印发低碳社区试点建设指南的通知(发改办气候〔2015〕362号)

(32)环境保护部关于印发《全国生态脆弱区保护规划纲要》的通知(环发〔2008〕92号)

(33)中国气象局关于印发《气候可行性论证管理办法》的通知(中国气象局第18号令,〔2009〕20号)

(34)环境保护部关于印发《全国生态保护"十二五"规划》的通知(环发〔2013〕13号)

(35)环境保护部、发展改革委、财政部关于印发《水质较好湖泊生态环境保护总体规划(2013~2020年)》的通知(环发〔2014〕138号)

(36)交通运输部关于印发《加快推进绿色循环低碳交通运输发展指导意

见》的通知(交政法发〔2013〕323号)

二、相关管理机构设置

(一)国家应对气候变化及节能减排工作领导小组

为切实加强对应对气候变化和节能减排工作的领导,2007年6月,国务院决定成立国家应对气候变化及节能减排工作领导小组,对外视工作需要可称国家应对气候变化领导小组或国务院节能减排工作领导小组(一个机构,两个牌子),作为国家应对气候变化和节能减排工作的议事协调机构。

国家应对气候变化及节能减排领导小组的主要任务是:研究制订国家应对气候变化的重大战略、方针和对策,统一部署应对气候变化工作,研究审议国际合作和谈判对案,协调解决应对气候变化工作中的重大问题;组织贯彻落实国务院有关节能减排工作的方针政策,统一部署节能减排工作,研究审议重大政策建议,协调解决工作中的重大问题。

国家应对气候变化及节能减排工作领导小组具体工作由国家发展改革委承担。国务院将视机构设置及人员变动情况和工作需要,对国家应对气候变化及节能减排工作领导小组组成单位和人员进行调整。

(二)国家发展和改革委员会

中华人民共和国国家发展和改革委员会(下简称国家发展改革委)是国家应对气候变化有关工作的主管部门。具体工作由其下设组织机构——应对气候变化司负责,主要职责包括:

(1)综合研究气候变化问题的国际形势和主要国家动态,分析气候变化对我国经济社会发展的影响,提出总体对策建议。

(2)牵头拟订我国应对气候变化重大战略、规划和重大政策,组织实施有关减缓和适应气候变化的具体措施和行动,组织开展应对气候变化宣传工作,研究提出相关法律法规的立法建议。

(3)组织拟定、更新并实施应对气候变化国家方案,指导和协助部门、行业和地方方案的拟订和实施。

(4)牵头承担国家履行联合国气候变化框架公约相关工作,组织编写国家履约信息通报,负责国家温室气体排放清单编制工作。

(5)组织研究提出我国参加气候变化国际谈判的总体政策和方案建议,牵头拟订并组织实施具体谈判对案,会同有关方面牵头组织参加国际谈判和相关国际会议。

(6)负责拟订应对气候变化能力建设规划,协调开展气候变化领域科学研究、系统观测等工作。

(7)拟订应对气候变化对外合作管理办法,组织协调应对气候变化重大对外合作活动,负责开展应对气候变化的相关多、双边合作活动,负责审核对外合作活动中涉及的敏感数据和信息。

(8)负责开展清洁发展机制工作,牵头组织清洁发展机制项目审核,会同有关方面监管中国清洁发展机制基金的活动,组织研究温室气体排放市场交易机制。

(9)承担国家应对气候变化及节能减排工作领导小组有关应对气候变化方面的具体工作,归口管理应对气候变化工作,指导和联系地方的应对气候变化工作。

(三)中国清洁发展机制基金管理中心

中国清洁发展机制基金及其管理中心(下简称"清洁基金")是由国家批准设立的按照社会性基金模式管理的政策性基金。清洁基金的宗旨是支持国家应对气候变化工作,促进经济社会可持续发展。清洁基金是我国也是发展中国家首次建立的国家层面专门应对气候变化的基金,是中国开展应对气候变化国际合作的一项重要成果。它作为国家应对气候变化创新机制,把中国参加联合国京都议定书下清洁发展机制合作对国家可持续发展的贡献,以可持续的方式,从项目层面升级和放大到国家层面,充分体现了中国政府对气候变化问题的高度重视,和对应对气候变化相关的行业与产业发展的大力支持,对促进发达国家与发展中国家开展应对气候变化合作行动具有典型示范意义。

(四)国家应对气候变化战略研究和国际合作中心

为了加强国家应对气候变化战略研究,推动国际应对气候变化合作。国家发展和改革委员会于2012年正式成立国家应对气候变化战略研究和国际合作中心。该机构是我国应对气候变化的国家级战略研究机构和国际合作交流窗口。国家应对气候变化战略研究和国家合作中心的主要职责包括组织开展有关中国应对气候变化的战略规划、政策法规、国际政策、统计考核、信息培训和碳市场等方面的研究工作,为我国应对气候变化领域的政策制定、国际气候变化谈判和合作提供决策支撑;同时受国家发展和改革委员会委托,开展清洁发展机制项目、碳排放交易、国家应对气候变化相关数据和信息管理以及应对气候变化的宣传、培训等工作。

(五)国家林业局应对气候变化和节能减排工作领导小组

为了适应公约政府间谈判需要,加强对清洁发展机制下的造林、再造林碳汇项目的统一管理,早在2003年,国家林业局成立了林业碳汇管理办公室。2007年为加强林业应对气候变化和节能减排工作的组织领导,积极主动地发挥好林业在应对气候变化和节能减排工作中的重要作用,根据国务院关于进一步加强我国应对气候变化和节能减排工作的一系列重大部署和总体要求,国家林业局决定成立应对气候变化和节能减排工作领导小组。

国家林业局应对气候变化和节能减排工作领导小组的主要职责是研究林业行业贯彻落实国务院相关部署的措施;统筹部署林业应对气候变化和节能减排工作;制定林业行业应对气候变化和节能减排工作方案和计划;研究解决林业应对气候变化和节能减排工作中的重大问题;审议有关重要国际合作和谈判议案;审定相关管理制度和办法等。

国家林业局应对气候变化和节能减排工作领导小组办公室设在造林司,负责对口联络国务院应对气候变化和节能减排工作领导小组办公室,并承担日常事务工作。

参考文献

[1]国家发展改革委,《国家应对气候变化规划(2014~2020年)》[S],2014-9-19.

[2]中新网. 国务院常务会决定颁布中国应对气候变化国家方案[N/OL]. 中国新闻网,2007-6-1.

[3]韩梅. 中国发布《国家适应气候变化战略》[N/OL]. 新华网,2013-11-18.

[4]中美气候变化联合声明[N/OL]. 新华网,2014-11-13.

[5]新华网. 中欧气候变化联合声明[N/OL]. 新华网,2015-6-30.

[6]新华网. 国务院印发关于国家应对气候变化规划(2014~2020年)的批复[N/OL]. 新华网,2014-9-19.

[7]国家发展改革委员会. 关于印发《温室气体自愿减排交易管理暂行办法》的通知(发展改革气候[2012]1668号)[S]. 2012-6-13.

[8]国家发展和改革委员会办公厅. 关于印发《温室气体自愿减排项目审定与核证指南》的通知(发展改气候[2012]2862号)[S]. 2012-10-9.

[9]中华人民共和国国家发展和改革委员会令2014第17号[S]. 2014-12-10.

[10]国家林业局政府网 http://www.forestry.gov.cn/,2012年01月24日.

[11]国家林业局. 国家林业局关于印发全国林业生物质能源发展规划(2011~2020年)的通知[N/OL]. 中国林业网,2013-6-14.

[12]国家林业局办公室. 关于印发《2014林业应对气候变化政策与行动白皮书通知印发》(办造字[2015]134号)[S]. 2015-8-17.

第六章 国内外碳市场与林业碳汇交易

一、碳排放、碳排放权、排放配额、重点排放单位

根据国家发展和改革委员会2014年第17号令发布的碳排放权交易管理暂行办法,对碳排放、碳排放权、排放配额、重点排放单位等概念的界定如下:

碳排放:是指煤炭、天然气、石油等化石能源燃烧活动和工业生产过程以及土地利用、土地利用变化和林业(LULUCF)活动产生的温室气体排放,以及因使用外购的电力和热力等所导致的温室气体排放。

碳排放权:是指依法取得的向大气排放温室气体的权利。

排放配额:是政府分配给重点排放单位指定时期内的碳排放额度,是碳排放权的凭证和载体。1单位配额相当于1吨二氧化碳当量。

重点排放单位:是指满足国务院碳交易主管部门确定的纳入碳排放权交易标准且具有独立法人资格的温室气体排放单位。

二、碳交易

碳交易是以减缓全球气候变化为目的,降低温室气体减排成本为目标,以温室气体排放权作为商品进行交易的市场机制。

目前,碳交易的温室气体并非仅指二氧化碳,还包括京都议定书规定的6种温室气体:二氧化碳,甲烷、氧化亚氮、氢氟碳化物、全氟化碳、六氟化硫;我国发改委碳排放权交易管理暂行办法中规定的可交易的温室气体:二氧化碳、甲烷、氧化亚氮、氢氟碳化物、全氟化碳、六氟化硫和三氟化氮。碳市场中的计量单位为吨二氧化碳当量(tCO_2e)。

三、国际碳交易市场

自2005年2月16日京都议定书正式生效以来,为降低减排成本、实现全球温室气体减排目标,按照京都议定书和相关规则的要求,交易的买卖双方(有时有中介),在市场上相互买卖碳排放配额或项目级的碳减排量,从

而形成了碳市场。由于碳信用的交易行为超出了国家界限和区域界限，扩展到了世界范围，在欧美等发达国家和地区形成了一些强制性或自愿性的碳排放权交易体系，由此形成了内容繁多、交易复杂的国际碳市场。[1]

国际碳市场可简单分为两类，一类是管制或京都市场，其按国际法规定运行，主要是配额交易和项目级的抵消机制。如欧盟排放贸易体系、清洁发展机制等；另一类是非京都或自愿市场。该市场有两种类型：一是基于国家内部法律运行，如美国芝加哥气候交易所、澳大利亚新南威尔士交易体系等；另一类无立法背景，主要是基于公益目的企业和公众自愿购买，以体现企业社会责任和公众减排意识，多为项目级的交易。

（一）京都市场

京都市场主要包括基于遵循公约及京都议定书一系列规则的京都市场和基于国家或区域性规定而建立的交易市场。如欧盟排放交易计划（EU ETS）等。根据京都议定书的规定，发达国家履行温室气体减排义务时可以采取3种在"境外减排"的灵活机制。其一是联合履约（JI），指发达国家之间通过项目的合作，转让其取得的减排量；其二是排放贸易（ET），发达国家将其超额完成的减排指标，以贸易方式（而不是项目合作的方式）直接转让给另外一个未能完成减排义务的发达国家；其三是清洁发展机制（CDM），指发达国家提供资金和技术，与发展中国家开展项目合作，产生"核证减排量"（CER），大幅度降低其在国内实现减排所需的费用。

以欧盟排放贸易计划（EU EST）为例，该计划是为了帮助欧盟成员国完成京都议定书规定的减限排指标以及为公司和政府提供碳交易的经验。该计划包括25个欧盟国家和数千家公司。欧盟排放贸易计划创立之初的主要目的是为了便于欧洲国家完成京都议定书规定的目标，引导欧盟各国和公司熟悉碳市场的建立、发展、运行，并指导他们进行碳交易。该计划在参考历史因素和其他一些参数的基础上，通过温室气体允许减排量，建立了一个强制性的二氧化碳减限排贸易体系。欧盟排放贸易计划于2005年1月1日正式实施，是目前为止最大的碳交易体系，是唯一跨国、跨行业的区域性温室气体排放权交易市场。

（二）非京都市场

相对于为完成京都议定书的减排规定形成的京都市场，非京都市场中交易是以"自愿"为基础的，它是全球碳市场的一个重要组成部分。非京都市场的需求主要来自于各类机构、企业和个人的自发减排意愿，这种意愿不具有任何强制性。非京都市场基于自愿的配额市场，排放企业自愿参与，共同协商认定并承诺遵守减排目标，承担有法律约束力的减排责任，如英国排放贸易计划、芝加哥气候交易所。碳交易基于各类机构和个人减排意愿开发的项目，内容比较丰富，近年来不断有新的计划和系统出现，主要是自愿减排量（VER）的交易。同时很多非政府组织从环境保护与气候变化的角度出发，开发了很多自愿减排碳交易产品，比如农林减排体系（VIVO）计划，主要关注在发展中国家造林与环境保护项目；气候、社区和生物多样性联盟（CCBA）开发的项目设计标准（CCB），以及由气候组织、世界经济论坛和国际排放贸易协会（IETA）联合发起的温室气体核证碳减排标准（Verified Carbon Standard，VCS）也具有类似性。非京都碳市场的减排量交易活动需遵循经认可的标准实施，其中比较活跃的标准主要有黄金标准（Gold Standard）、核证碳减排标准（VCS），[2] 我国国内有中国绿色碳汇基金会（CGCF）标准等。

以英国排放贸易计划（The UK Emissions Trading Scheme，UK ETS）为例，该计划是英国政府应对气候变化制定的战略——气候变化协议的一个组成部分，涉及众多部门，其目的是建立一个自愿的减少碳排放的交易机制，确保以有效成本方式减排温室气体，给予英国公司早期排放贸易经验，同时向欧盟排放贸易计划提供合理经验等。目前参加者包括大约6000家工业组织。参加者自愿承诺将其活动排放限制在低于基准年的一定数量，可通过自身减排，也可通过购买排放指标完成其自愿减排承诺。对实现减排承诺的企业，将获得80%的气候变化税折扣，但如不能实现减排目标，则得不到折扣。该计划作为英国温室气体减排项目的系列措施之一，于2002年正式启动。

四、国内碳交易市场

国内碳市场目前以7省（市）碳交易试点为主。碳交易的品种主要是排放配额和中国家核证自愿减排量（CCER）。此外，还有企业、组织和机构为履行社会责任而购买的VCS项目减排量，以及通过向中国绿色碳汇基金会（CGCF）捐资实施的林业碳汇项目减排量等。

自2011年以来，国家发展改革委为落实"十二五"（2011—2015年）规划关于逐步建立国内碳排放权交易市场的要求，相继批准在深圳、北京、上海、天津、广东、湖北、重庆建立了7个碳交易市场。交易的标的主要是试点省（市）为纳入交易的控排企业免费发放的排放配额和少量国家核证自愿减排量（CCER）。核证减排量的产生有特殊要求：必须按照国家发展改革委温室气体自愿减排交易管理暂行办法规定的要求,采用经国家发展改革委气候司批准备案的方法学开发的温室气体减排项目和已注册的CDM项目,方可申请备案成为中国自愿减排(CCER)项目,用于核证减排量的交易。

2014年9月,国家发展改革委发布了国家应对气候变化规划(2014~2020年),明确提出将继续深化碳排放交易试点,加快建立全国碳排放交易市场。2015年8月,国家发展改革委气候司组织起草了全国碳排放权交易管理条例(草案),将在广泛征求意见后提交国务院审议,为我国2016年全国碳排放交易市场的全面启动奠定基础。

国家发展改革委发布的与碳交易有关的文件:

(1)清洁发展机制项目运行管理办法(发展改革委令2011年第11号)

(2)温室气体自愿减排交易管理暂行办法(发改气候〔2012〕1668号)

(3)温室气体自愿减排项目审定与核证指南(发改办气候〔2012〕2862号)

(4)碳排放权交易管理暂行办法(发展改革委令2011年第17号)

(5)国家应对气候变化规划(2014~2020年)(发改气候〔2014〕2347号)

2015年是7个省(市)试点碳市场全部启动后的首个履约年,也是CCER项目入市交易和参与履约的元年。目前,除重庆外,其他6个试点已完成履约。截止到2015年7月16日,7个试点地区二级市场配额累计成交量超过3800万吨,累计成交额超过11亿元,其中,CCER累计成交约885万吨(来源:21世纪经济报道,2015年7月20日)。

五、国际碳基金及其类型

一些国际金融组织为推动国际碳交易活动,实施一些合适的项目推动全球减少温室气体排放和增强碳吸收的行动而专门设立的融资渠道,称为碳基金。目前国际碳基金主要有以下几种运作方式:

(1)全部由政府设立和政府管理。如芬兰政府外交部于2000年设立联合履约(JI)/清洁发展机制(CDM)试验计划,在萨尔瓦多、尼加拉瓜、泰国和越南确定了潜在项目。2003年1月开始向上述各国发出邀请,购买小型CDM项目产生的CERs。奥地利政府创立的奥地利地区信贷公共咨询公司(KPC)为奥地利农业部、林业部、环境部及水利部实施奥地利JI/CDM项目,目前已在印度、匈牙利和保加利亚完成了数项CDM项目。

(2)由国际组织和政府合作创立,由国际组织管理。这类碳基金主要由世界银行与各国政府之间的合作促成。世界银行的雏形碳基金(PCF)是世界上创立最早的碳基金,政府方面有加拿大,芬兰,挪威,瑞典,荷兰和日本国际合作银行参与,另外还有 17 家私营公司也参与了碳基金的组成。PCF 的日常工作主要由世界银行管理,与此相同的碳基金还有意大利碳基金、荷兰碳基金、丹麦碳基金、西班牙碳基金等。

(3)由政府设立采用企业模式运作。这种类型的主要代表是英国碳基金和日本碳基金。英国碳基金是一个由政府投资、按企业模式运作的独立公司,成立于 2001 年。政府并不干预碳基金公司的经营管理业务,碳基金的经费开支、投资、碳基金人员的工资奖金等由董事会决定,政府不干预。

(4)由政府与企业合作建立采用商业化管理。这种类型的代表为德国和日本的碳基金。德国复兴信贷银行(KFW)碳基金由德国政府、德国复兴信贷银行共同设立,由德国复兴信贷银行负责日常管理。日本碳基金主要由 31 家私人企业和两家政策性贷款机构组成。政策性贷款机构日本国际协力银行(JBIC)和日本政策投资银行(DBJ)代表日本政府进行投资与管理。

(5)由企业出资并采取企业方式管理。这些碳基金规模不大,主要从事 CERs 的中间交易。[3]

六、碳税与碳关税

碳税是指针对化石燃料使用所征收的税。它旨在减少化石燃料使用和二氧化碳排放来减缓气候变暖。其遵循"污染者付费"原则。具体是通过对燃煤、汽油、航空燃油、天然气等等化石燃料产品来征税,实现减少化石燃料的消耗,达到节能减排的目的。碳税的实质就是为保护全球温度稳定这一公共产品,对排放二氧化碳的化石燃料生产与消费征税,使负的外部成本内部化。

碳关税,也称边境调节税(BTAs)。它是对在国内没有征收碳税或能源税、存在实质性能源补贴国家的出口商品征收特别的二氧化碳排放关税,主要是发达国家对从发展中国家进口的排放密集型产品,如铝、钢铁、水泥和一些化工产品征收的一种进口关税。[4]

七、林业碳汇交易项目开发流程

林业碳汇交易项目是指根据有关减排机制的林业项目方法学规定和程序,开发的能够产生减排量的碳汇项目。林业碳汇交易项目类型有很多,如符合中国温室气体自愿减排林业方法学的项目（林业 CCER 项目）、符合清洁发展机制林业碳汇方法学的项目（林业 CDM 项目）、符合国际核证碳减排标准方法学的项目（林业 VCS 项目）等。

林业碳汇项目开发的一般流程包括 7 个步骤：

（1）项目设计：由业主或咨询机构编制项目设计文件（PDD）
（2）项目审定：由审定机构进行项目审定
（3）项目注册：由注册机构进行项目注册或备案
（4）项目实施：由业主组织实施项目
（5）项目监测：由业主或咨询机构按监测计划进行监测
（6）项目核证：由核证机构对监测报告进行核证
（7）减排量签发：由注册机构审核签发或备案减排量

由注册机构审核签发或备案的减排量可进入碳市场交易。

八、国内林业温室气体自愿减排项目方法学

方法学是指用于确定项目基准线、论证额外性、计算减排量、制定监测计划等的方法指南。目前，国家发展改革委批准备案的林业 CCER 碳汇项目方法学有四个，即《碳汇造林项目方法学》(AR-CM-001-V01)、《竹子造林碳汇项目方法学》(AR-CM-002-V01)、《森林经营碳汇项目方法学》(AR-CM-003-V01)、《竹林经营碳汇项目方法学》(AR-CM-005-V01)。其中，前两个方法学是针对无林地而用，后两个是针对有林地而用。

林业碳汇项目方法学主要名词解释：

项目边界：指拥有土地所有权或使用权的项目业主或其他项目参与方实施的项目活动的地理范围。一个项目活动可以在若干个不同的地块上进行，但每个地块都应有特定的地理边界。该边界不包括位于两个或多个地块之间的土地。

项目期：指自项目活动开始到项目活动结束的间隔时间。

计入期：指项目情景相对于基线情景产生额外的温室气体减排量的时间区间。

基线情景：指在没有拟议的项目活动时，最能合理地代表项目边界内土地利用和管理的未来情景。

项目情景：指拟议的碳汇造林项目活动下的土地利用和管理情景。

基线碳汇量：指基线情景下项目边界内各碳库中的碳储量变化之和。

项目碳汇量：指基线情景下项目边界内各碳库中的碳储量变化之和。

额外性：指项目碳汇量高于基线碳汇量的情形。这种额外的碳汇量在没有拟议的项目活动时是不会产生的。

泄漏：指由拟议的碳汇项目活动引起的、发生在项目边界之外的、可测量的温室气体排放的增加量。

项目减排量：等于项目碳汇量减去基线碳汇量，再减去泄漏量。

九、开发中国温室气体自愿减排交易林业碳汇项目的条件

国家核证自愿减排量是指依据国家发展改革委发布施行的《温室气体自愿减排交易管理暂行办法》的规定，经其备案并在国家注册登记系统中登记的温室气体自愿减排量，简称CCER，单位以"吨二氧化碳当量（tCO_2e）"计。

目前，按照国家发展改革委批准备案开发林业CCER项目的条件如下：

开发碳汇造林项目减排量，应使用《碳汇造林项目方法学》（AR-CM-001-V01）。该方法学的适用条件如下：

（1）项目活动的土地是2005年2月16日以来的无林地。造林地权属清晰，具有县级以上人民政府核发的土地权属证书；

（2）项目活动的土地不属于湿地和有机土的范畴；

（3）项目活动不违反任何国家有关法律、法规和政策措施，且符合国家造林技术规程；

（4）项目活动对土壤的扰动符合水土保持的要求，如沿等高线进行整地、土壤扰动面积比例不超过地表面积的10%、且20年内不重复扰动；

（5）项目活动不采取烧除的林地清理方式（炼山）以及其它人为火烧活动；

（6）项目活动不移除地表枯落物、不移除树根、枯死木及采伐剩余物；

（7）项目活动不会造成项目开始前农业活动（作物种植和放牧）的转移。

此外，使用本方法学时，还需满足有关步骤中的其它相关适用条件。

开发竹子造林碳汇项目减排量，应使用《竹子造林碳汇项目方法学》（AR-CM-002-V01）。该方法学的适用条件如下：

（1）项目地不属于湿地。

（2）如果项目地属下列有机土或符合方法学所规定的草地或农地时，竹子造林或营林过程中对土壤的扰动不超过地表面积的10%。

（3）项目地适宜竹子生长，种植的竹子最低高度能达到2米，且竹杆胸径(或眉径)至少可达到2厘米,地块连续面积不小于1亩,郁闭度不小于0.20。

(4)项目活动不采取烧除的林地清理方式(炼山),对土壤的扰动符合水土保持要求,如沿等高线进行整地,不采用全垦的整地方式。

(5)项目活动不清除原有的散生林木。

开发森林经营碳汇项目减排量,应使用《森林经营碳汇项目方法学》(AR-CM-003-V01)。该方法学的适用条件如下:

(1)实施项目活动的土地为符合国家规定的乔木林地,即郁闭度≥0.20,连续分布面积≥0.0667公顷,树高≥2米的乔木林。

(2)本方法学(版本号V.01.0)不适用于竹林和灌木林。

(3)在项目活动开始时,拟实施项目活动的林地属人工幼、中龄林。项目参与方须基于国家森林资源连续清查技术规定、森林资源规划设计调查技术规程中的龄组划分标准,并考虑立地条件和树种,来确定是否符合该条件。

(4)项目活动符合国家和地方政府颁布的有关森林经营的法律、法规和政策措施以及相关的技术标准或规程。

(5)项目地土壤为矿质土壤。

(6)项目活动不涉及全面清林和炼山等有控制火烧。

(7)除为改善林分卫生状况而开展的森林经营活动外,不移除枯死木和地表枯落物。

(8)项目活动对土壤的扰动符合下列所有条件:

(i)符合水土保持的实践,如沿等高线进行整地;

(ii)对土壤的扰动面积不超过地表面积的10%;

(iii)对土壤的扰动每20年不超过一次。

此外,使用这些备案方法学时,还需满足有关步骤中的其它相关适用条件。

开发竹林经营碳汇项目减排量,应使用《竹林经营碳汇项目方法学》(AR-CM-005-V01)。该方法学的适用条件如下:

(1)实施项目活动的土地为符合国家规定的竹林,即郁闭度≥0.20、连续分布面积≥0.0667公顷、成竹竹秆高度不低于2米、竹秆胸径不小于2厘米的竹林。当竹林中出现散生乔木时,乔木郁闭度不得达到国家乔木林地标准,即乔木郁闭度必须小于0.20。

(2) 项目区不属于湿地和有机土壤。

(3) 项目活动，不违反国家和地方政府有关森林经营的法律、法规和有关强制性技术标准。

(4) 项目采伐收获竹材时，只收集竹秆、竹枝，而不移除枯落物；项目活动不清除竹林内原有的散生林木。

(5) 项目活动对土壤的扰动符合下列所有条件：

(i) 符合竹林科学经营和水土保持要求，松土锄草时，沿等高线方向带状进行，对项目林地的土壤管理不采用深翻垦复方式。

(ii) 采取带状沟施和点状篼施方式施肥，施肥后必须覆土盖严。

(6) 采用附录1所列的一项或多项竹林科学经营技术措施。

(7) 项目活动的开始时间不早于2005年2月16日。

此外，使用本文法学时，还应遵循引用工具中的其它相关适用条件。

十、国家发展改革委批准的温室气体自愿减排项目审定和核证机构

根据国家发展改革委发布的《温室气体自愿减排交易管理暂行办法》和《温室气体自愿减排项目审定与核证指南》，将温室气体自愿减排项目划分为16个专业领域，分别是：①能源工业(可再生能源/不可再生能源)；②能源分配；③能源需求；④制造业；⑤化工行业；⑥建筑行业；⑦交通运输业；⑧矿产品；⑨金属生产；⑩燃料的飞逸性排放(固体燃料、石油和天然气)；⑪谈卤化合物和六氟化硫的生产和消费产生的飞逸性排放；⑫溶剂的使用；⑬废物处置；⑭造林和再造林；⑮农业；⑯碳捕获和储存。

目前，国家发展改革委批准的温室气体自愿减排项目审定与核证机构共有9家，其中6家具有14领域——造林再造林项目审核资质：

(一)中国林业科学研究院林业科技信息研究所

中国林业科学研究院林业科技信息研究所(简称RIFPI)，主要从事林业软科学研究与世界林业发展跟踪研究；图书文献研究、服务与信息网络建设；编辑出版林业科技期刊；科技查新、咨询与技术开发等工作。经过近50年的发展，科信所已经成为以林业经济学、政策学、管理学、社会学等软科学研究为主体，以图书文献服务和网络信息服务为两翼，以国外林业发展动态研究为特色的综合性基础研究和公益服务机构，在支撑政府决策、服务科技创新方面发挥着重要的作用。目前具有国家发展改革委批准的造林和再造林审定与核核证资质，在林业碳汇计量监测与审定核证领域为政府部门提供林业科技支撑工作。

（二）中环联合（北京）认证中心有限公司

中环联合（北京）认证中心有限公司（以下简称 CEC）是由环境保护部批准设立，被中国国家认证认可监督管理委员会批准的第三方专业认证机构，隶属于环境保护部环境发展中心。CEC 是一家对社会开展环境标志产品认证、CDM 温室气体审定与核查、ISO 环境管理体系认证等工作的第三方综合性认证服务组织，同时也是为国家环境保护工作、应对气候变化工作提供技术支持与服务的组织。

CEC 是国家发展改革委备案的国内温室气体自愿减排项目审定与核证机构。该机构除了具有 CCER 造林和再造林项目审核资质外，还具有 CCER 能源工业（可再生能源/不可再生能源）、能源分配、能源需求、制造业、化工行业、建筑行业、交通运输业、矿产品、金属生产、燃料的飞逸性排放（固体燃料，石油和天然气）、碳卤化合物和六氟化硫的生产和消费产生的飞逸性排放、溶剂的使用、废物处置、和农业领域审定与核查/核证资质等其他 15 项审核资质。CEC 也是公约批准的指定经营实体（DOE）。是中国首家获得 UNFCCC-EB 认可、具有 15 个 CDM 专业领域审定与核证资质的 DOE，可面向全球开展温室气体减排项目的审定与核证业务。

（三）北京中创碳投科技有限公司

北京中创碳投科技有限公司（下简称中创碳投）是一家专注于中国低碳领域的高新技术企业。公司具有国家发展改革委批准的 CCER 能源工业（可再生能源/不可再生能源）、能源分配、能源需求、制造业、化工行业、建筑行业、交通运输业、废物处置、造林和再造林以及农业审定与核证资质。

在第三方认证业务方面，自 2013 年国内 7 省（市）开展碳交易试点以来，截至 2014 年 6 月，该公司作为首批核查机构已完成 200 余次的各地区试点企业碳核查。除国家发展改革委授权的 CCER 审定与核证机构资质以外，公司还取得了北京市发改委备案的碳排放权交易核查机构、广东省发改委备案的碳排放权交易核查机构、北京市发改委备案的能源审计推荐机构等资质。在人员配备方面，公司配备了充足的专业审核员和技术专家，技术人员拥有在 CDM 及 CCER 方法学开发、温室气体核算指南开发等领域的丰富经验。

（四）中国农业科学院农业环境与可持续发展研究所

中国农业科学院农业环境与可持续发展研究所 2001 年组建于北京，其前身是始建于 1953 年的华北农业科学研究所农业气象组（后更名为"农业气象研究所")和成立于 1980 年的中国农业科学院生物防治研究所。目前，研究所是国家气候变化农业影响与评估组长单位和国家气候变化谈判农业领域的唯一技术支撑单位，联合国政府间气候变化专家委员会（IPCC）5 次评估报告的主要作者和 FAO 农业水质管理手册组织编制单位。单位围绕全球气候变化这一热点领域，开展气候变化农业影响评估模型系统，评估气候变化对我国粮食安全的影响；揭示农业重要生态系统适应气候变化的机理，建立农业系统适应气候变化的技术体系；完善农业源温室气体排放监测技术，准确估算我国农业温室气体排放现状和预测未来发展趋势，核算主要农产品温室气体排放强度，开展农业减排增汇技术、成本及潜力的评估；开发减排技术的成效认证方法学（MRV），为发展我国农业应对气候变化和履行国际环境义务的政策制定提供科技支撑。

中国农业科学院农业环境与可持续发展研究所具有国家发展改革委批准的能源工业（可再生能源/不可再生能源）、造林和再造林以及农业领域的审定与核证资质。

（五）中国质量认证中心

中国质量认证中心（下简称 CQC）是中国质量监督检验检疫总局（AQSIQ）设立，经中国认证认可监督管理委员会（CNCA）批准的中国目前规模最大、发证数量最多、具有独立事业法人资格的权威认证机构。CQC 是中国境内最早开展专业认证的机构之一，其前身是 1993 年成立的中国进出口质量认证中心和 1984 年成立的中国电工产品认证委员会秘书处，中心至今已开展专业认证业务二十余年。CQC 具有国家发展改革委批准的能源工业（可再生能源/不可再生能源）、能源分配、能源需求、制造业、化工行业、建筑行业、交通运输业、矿产品、金属生产、燃料的飞逸性排放（固体燃料，石油和天然气）、碳卤化合物和六氟化硫的生产和消费产生的飞逸性排放、溶剂的使用、废物处置、造林和再造林和农业审定与核证资质。CQC 已经开展了国内碳排放权交易试点核查及国际 CDM 项目等关于温室气体排放（减排）的审核工作。

（六）广州赛宝认证中心服务有限公司

赛宝认证中心服务有限公司（下简称 CEPREI）是中国最早的认证机构之一，从 1979 年将"认证"的概念引入中国至今，赛宝已经向各行业颁发各类的证书 5 万余张。经过近五十年的发展，赛宝已经拥有一支具有丰富理论知识和实践经验的服务、研发队伍，同时获得国内、外多类权威的认可与授权,具有国家发展改革委批准的能源工业(可再生能源/不可再生能源)、能源分配、能源需求、制造业、化工行业、交通运输业、矿产品、金属生产、燃料的飞逸性排放(固体燃料,石油和天然气)、废物处置、造林和再造林和农业审定与核证资质。

此外还有国家环保部环境保护对外合作中心(MEPFECO)、深圳华策国际认证有限公司(CTI)、中国船级社质量认证公司(CCSC)三家国家发展改革委备案的审定与核证机构。他们没有造林再造林的审定与核证资质。

十一、开发清洁发展机制林业碳汇项目的适用条件

清洁发展机制(CDM)造林再造林项目的方法学有4个(2012年整合后),分为湿地、非湿地,大型项目和小型项目方法学。其中,湿地碳汇项目是关于红树林造林的方法学,在我国开展红树林造林再造林项目的潜力不大。因此,以下仅介绍在我国有可能使用的非湿地的两个CDM碳汇项目方法学,即《非湿地大规模CDM造林再造林项目的基线与监测方法学》(AR-ACM0003)、《非湿地小规模CDM造林再造林项目的基线与监测方法学》(AR-AMS0007)。

在我国开发CDM林业碳汇项目需满足的条件:

(1)林地植被状况自1989年12月31日以来不符合我国政府定义森林的阈值标准,即植被状况不同时满足下列所有条件:郁闭度≥0.20,树高≥2米,面积≥1亩。

(2)如果没有项目活动,造林地很难通过天然更新恢复成林。

(3)项目活动开始日期不应早于2000年1月1日。

采用《非湿地大规模CDM造林再造林项目活动的基线与监测方法学》,除了满足所有CDM造林再造林项目必须满足的条件以外,还应满足该方法学的特有条件:

(1)项目活动的土地不属于湿地的范畴;

(2)如果项目地属有机土或方法学AR-ACM0003规定的农地或草地时,项目造林活动过程中对土壤的扰动不超过地表面积的10%;

此外,使用该方法学时,还需满足有关步骤中的其它相关适用条件。

采用《非湿地小规模CDM造林再造林项目活动的基线与监测方法学》,除了满足所有CDM造林再造林项目必须满足的条件以外,还应满足该方法学的特有条件:

(1) 项目活动的土地不属于湿地的范畴;

(2) 如果项目地属有机土或方法学 AR - AMS0007 规定的农地或草地时,项目造林活动过程中对土壤的扰动不超过地表面积的 10%;

此外,使用上述方法学时,还需满足有关步骤中的其它相关适用条件。

十二、国际核证碳减排标准林业碳汇项目开发的适用条件

国际核证碳减排标准(VCS)有近 20 个国际公认的农林领域的方法学。当前国际上 70% 以上的农林碳汇项目减排量是通过该标准的方法学开发的。在国内具有应用潜力的是《改进森林经营方法学》(VM0010),用于将用材林转化为保护林的项目。其适用条件:

(1) 在基线情景下,森林经营需有采伐木材的计划。

(2) 在项目情境下,森林利用受限于不会进行商业性木材采伐或不造成森林退化的经营活动;计划采伐量必须根据确定森林允许采伐量(m^3/hm^2)的森林调查方法进行测算。

(3) 林地的边界必须清晰并有文件记录。

(4) 基线情景不能包括将森林转化为受管制的人工林的情景。

(5) 基线情景、项目情景和项目案例都不包括湿地和泥炭地。

十三、中国清洁发展机制林业碳汇项目

截至 2015 年 12 月,中国有 5 个 CDM 林业碳汇项目获得联合国清洁发展机制执行理事会批准注册。现将其中有代表性的 2 个项目简介如下:

"中国广西珠江流域治理再造林项目",是由国家林业局造林司(气候办)组织实施的全球首个在联合国 CDM 执行理事会成功注册的 CDM 林业碳汇项目。项目运行周期为 30 年(2006~2035 年)。设计造林面积为 4000 公顷人工林。在项目运行周期内,预计将产生减排量 77 万吨二氧化碳当量。按照购买协议,世界银行将按每吨 4.35 美元的价格,支付 200 万美元,购买项目所产生的减排量 46 万吨二氧化碳。世界银行从 2007 年开始付费,2007 年已向项目实施单位支付了 14 万美元,首期已签发核证减排量(CER)134964 二氧化碳当量。

内蒙古盛乐国际生态示范区造林项目,由中国绿色碳汇基金会、老牛基金会、内蒙古林业厅、大自然保护协会共同合作发起的"老牛生态恢复与保护专项基金"资助实施。该项目位于内蒙古和林格尔县境内,恢复植被面积

3.64万亩,造林树种以樟子松、油松为主,项目期30年,预计产生21.6万吨核证减排量(CER),并且具有多重效益。如改善生态环境、保护生物多样性,项目区有1万多人受益,项目将创造114.1万余个工日的临时就业机会和18个长期森林管护工作岗位并获得技能培训。该项目于2013年荣获民政部第八届"中华慈善奖",同年获得CDM执行理事会批准,注册为CDM林业碳汇项目,并获得气候社区与生物多样性标准金牌项目认证。该项目已由美国迪士尼出资180万美元购买项目产生的林业碳汇16万吨CER。

十四、首个中国温室气体自愿减排林业碳汇项目

广东长隆碳汇造林项目是全国首个可进入碳市场交易的中国温室气体自愿减排(CCER)林业碳汇项目。该项目在国家林业局和广东省林业厅的支持下,由中国绿色碳汇基金会提供全面技术服务与广东省林业调查规划院合作,根据国家发展改革委备案的方法学AR-CM-001-V01《碳汇造林项目方法学》开发而成。

广东长隆碳汇造林项目于2011年在广东省河源和梅州的宜林荒山实施碳汇造林,造林规模为1.3万亩。造林树种为红椎、枫香等乡土树种。项目在20年计入期内,预计产生减排量34.73万吨二氧化碳当量,年均1.74万吨。该项目为当地社区或周边社区农户创造600个的短期工作机会和60个长期工作机会。此外,该项目具有改善生态环境和保护生物多样性等生态效益,所种植的林木产权归社区农户所有,对于增加农民经济收入,促进当地经济社会的可持续发展具有重要意义。

2014年3月,该项目通过了中环联合(北京)认证中心有限公司(CEC)负责的独立审定,2014年7月获得国家发展改革委审核备案。2015年5月项目首期5082吨CCER获得国家发展改革委签发。项目减排量由首批纳入广东省碳排放权交易试点的控排企业广东省粤电集团有限公司签约购买,用于减排履约。截至2015年年底,这是唯一获得国家发展改革委项目备案和减排量签发的温室气体自愿减排CCER林业碳汇项目。

参考文献

[1]李怒云. 中国林业碳汇[M]. 北京:中国林业出版社,2007.

[2]孙建宇等. 清洁农作和林作在低碳经济中的作用[M]. 北京:中国环境科学出版

社,2012.
[3]雷立钧.国际碳基金的发展及中国的选择[J].财经理论研究,2010,(3):50-54.
[4]郑春芳等."碳关税"对我国外贸出口的四大影响[N/OL/].中国贸易救济信息网,2011-6-30.

第七章 中国绿色碳汇基金会碳汇项目开发与公益活动实践

一、中国绿色碳汇基金会简介

中国绿色碳汇基金会(下简称基金会)是经国务院批准,于2010年7月19日在民政部注册成立的我国首家以增汇减排、应对气候变化为主要目标的全国性公募基金会,业务主管单位是国家林业局,其前身是2007年成立的中国绿色碳基金。基金会是国家林业局应对气候变化与节能减排领导小组办公室副主任单位,并于2012年被公约第18次缔约方会议(COP18)批准为《公约》缔约方会议观察员组织,于2013年被民政部评定为4A级基金会。2015年,基金会经世界自然保护联盟(IUCN)批准成为其成员单位,同年获得"全国先进社会组织"荣誉称号。

基金会的宗旨是:推进以应对气候变化为目的的植树造林、森林经营、减少毁林和其他相关的增汇减排活动,普及有关知识,提高公众应对气候变化的意识和能力,支持和完善中国森林生态效益补偿机制。

基金会的业务范围包括以下八个方面:

(一)支持社会各界积极参与以应对气候变化为目的的植树造林、森林经营、荒漠化治理、能源林基地建设、湿地及生物多样性保护等活动;

(二)支持营造各种以积累碳汇为目的的纪念林、森林管理、认种认养绿地等活动;

(三)支持加强森林和林地保护,减少不合理利用土地造成的碳排放;

(四)支持各种以公益和增汇减排为目的的科学技术研究和教育培训;

(五)支持碳汇计量、监测以及相关标准制定;

(六)宣传森林在应对气候变化中的功能和作用,提高公众保护生态环境和保护气候的意识;

(七)支持有关林业应对气候变化公益事业的国内外合作与交流;

(八)开展适合本基金会宗旨的其他社会公益活动。

基金会成立以来,在社会各界的广泛关注和大力支持下,围绕国家应对气候变化战略目标，结合企业、组织和公众参加适应和减缓气候变化公益活动的需要，积极募集资金，开展了一系列以增汇减排为主要目标的造林和森林经营项目以及相关的活动，为企业、组织和公众成功搭建了一个通过林业措施"储存碳信用、履行社会责任、增加农民收入、改善生态环境"四位一体的公益平台。

截至2015年底，基金会已获得来自国内外捐款5亿多元人民币，先后在全国20多个省（自治区、直辖市）营造和参与管理碳汇林120多万亩，并在全国部署了70片个人捐资与义务植树碳汇造林基地。组织营造了"国务院参事碳汇林"、"全国首个碳中和婚礼碳汇林"等不同主题的公众捐资碳汇林；实施了2014年APEC会议碳中和、联合国气候变化天津会议碳中和等35项碳中和项目。基金会目前已成为国内以造林增加碳汇、保护森林减少排放等措施开展碳补偿、碳中和的专业权威机构。

基金会始终坚持"绿色基金、植树造林，增汇减排、全球同行"的理念，以"增加绿色植被、吸收二氧化碳，应对气候变化、保护地球家园"为使命，采取有效措施传播绿色低碳理念，提高公众意识，广泛募集资金，专业化、高标准实施公益项目，打造精品、创建品牌，为建设天蓝、地绿、水清、气净、宜居的生态环境，促进美丽中国和生态文明建设，积极应对全球气候变化不断做出贡献。

二、中国绿色碳汇基金会志愿者工作站

为宣传林业在应对气候变化中的功能与作用，提高公众应对气候变化的意识和能力，引导公众积极参与以应对气候变化为目的的植树造林、保护森林和林地、保护生物多样性和湿地以及宣传生态文明建设等公益活动，基金会在全国各地具备条件的地方建立了志愿者工作站。由有关单位申请并获得基金会批准，原则上能够提供从事绿色碳汇志愿服务的固定场所即可申请为基金会志愿者工作站。志愿者工作站每年至少独立开展4次以上普及林业应对气候变化相关知识，传播生态文明和绿色低碳理念，倡导公众参与碳汇林业建设的活动。此外，基金会已经批准设立的志愿者工作站还建立了微博并转发基金会官方和秘书长微博，逐步扩大本站的志愿者队伍。

建立志愿者工作站，旨在开展碳汇知识的宣传普及等服务工作，促进公众了解、认知绿色碳汇事业，从而自觉参与中国绿色碳汇基金会开展的各项公益活动，以此发展壮大志愿者队伍。

截止 2015 年底，基金会已经在北京、浙江、云南、海南、宁夏等地设立了 12 个志愿者工作站。未来，基金会将在扩大工作站数量的基础上，积极开展督导工作，确保工作站工作质量稳步提高，志愿服务取得实效。

三、中国绿色碳汇基金会碳汇公益礼品卡

2011 年中国绿色碳汇基金会开发了全球首批"碳汇公益礼品卡"系列。碳汇公益礼品卡主要包括春节贺卡、情人节贺卡、生日贺卡等各种节日及纪念日贺卡。礼品卡上标注着捐赠金额、捐资者、受赠者、造林地点和树种以及获得碳汇量等信息，这些信息都能在中国绿色碳汇基金会的官方网站上查询。与每一张礼品卡配套的还有捐赠收据、碳汇购买凭证等。

碳汇公益礼品卡并不只是一张普通的贺卡，受赠人在获得卡片和祝福的同时，也得到了和卡片面值相应的"碳汇"；礼品卡募集的所有资金都将用于在国内开展碳汇造林项目，捐资人所购买的每一吨碳汇都有一片相应的碳汇林。碳汇林所吸收的二氧化碳，抵消了购买者自己排放的碳。这样的理念不仅被"绿领"一族所推崇，也已经被越来越多的人接受和认可。现在，除了捐资造林增汇以外，还可以把碳汇当做礼物赠予亲朋好友，帮助他人消除碳足迹，这份新颖又时尚的礼物在传递祝福的同时，也传达了赠予人绿色、健康的生活态度和保护地球环境的理念。

四、中国绿色碳汇基金会碳中和项目

所谓碳中和，是指将企业、组织或个人在一定时间内直接或间接产生的温室气体排放总量计算清楚，然后通过"购买碳信用"，即排放者出资开展造林增汇或减少碳排放的项目，以抵消其排放的温室气体，从而达到减少大气中温室气体浓度的目的。企业、组织或个人的碳排放亦称为碳足迹，主要指在生产、经营、生活过程中因消耗能源或资源而产生的碳排放的总和，一般包括用电、燃气、交通运输等方面（通常以吨二氧化碳当量表示）。

截止 2015 年底，中国绿色碳汇基金会已成功实施 2010 年联合国气候变化天津会议、联合国可持续消费论坛、2014 年 APEC 会议、2011～2015 中国绿公司年会和国际竹藤组织公务出行等大型会议和组织机构的碳中和林项目 35 项。

（一）联合国气候变化谈判天津会议碳中和项目

2010 年 10 月 9 日，在联合国气候变化谈判天津会议举行的闭幕式上，

中国代表团团长苏伟宣布：本次会议所产生的碳排放，由中国绿色碳汇基金会出资造林予以抵消，实现本次会议"碳中和"目标。2010年12月28日，联合国气候变化天津会议"碳中和"林建成揭碑仪式在山西省长治市襄垣县举行。经清华大学能源经济环境研究所测算，本次会议的碳排放共计约1.2万吨二氧化碳当量。中国绿色碳汇基金会根据国家林业局林产工业规划设计院碳汇计量结果，出资人民币375万元，在中国山西省襄垣、昔阳、平顺等县营造5000亩碳汇林，未来10年可将本次会议造成的碳排放全部吸收。造林资金来自国电集团和山西潞安环保能源开发股份有限公司向中国绿色碳汇基金会的捐赠。出资营造联合国气候变化天津会议碳中和林，是中国绿色碳汇基金会成立以来首次参与应对气候变化的碳中和公益活动。

（二）中国绿公司年会碳中和项目

中国绿公司年会由中国企业家俱乐部于2008年创办，致力于推动经济的长远及合理增长，传递正气的商业力量。该年会已成为中国民营企业家参与阵容最强的商业论坛。同时，年会以经验传导为特色，通过政商学领袖的实操经验分享，使会议内容更加务实落地，业已成为中国商界可持续发展领域的重要交流平台。

为传播绿色低碳理念，唤起社会各界，尤其是中国企业家对气候变化问题的重视，由中国企业家俱乐部发起，在老牛基金会捐资支持下，自2011年至2015年中国绿色碳汇基金会作为长期合作机构，连续5年承担了中国绿公司年会的碳中和项目。中国绿色碳汇基金会利用老牛基金会捐款105.2万元，与内蒙古和林格尔县林业局合作营造了282亩"中国绿公司年会碳中和林"，将2011~2015年中国绿公司年会所产生的碳排放全部吸收，实现了碳中和的目标。该项目的落地实施，将中国绿公司年会打造成环境友好的"零碳会议"，在国内外发挥了低碳办会的积极引领作用。

（三）2014年亚太经合组织（APEC）会议碳中和项目

中国政府倡导将2014年APEC会议办成碳中和的绿色环保型会议。2014年亚太经合组织（APEC）会议碳中和林植树启动仪式在北京市怀柔区雁栖镇举行。为了消除APEC会议周排放的6371吨二氧化碳当量，中国绿色碳汇基金会和北京市林业部门组织了中国中信集团有限公司、春秋航空股份有限公司捐资，在北京市和周边地区营造1274亩碳中和林，将2014年APEC会议周的碳排放全部抵消，实现会议碳中和的目标。这在APEC会议史上尚属首次。2015年5月21日，2014年亚太经合组织（APEC）会议碳中和林建成揭牌仪式在河北省保康县举行。这表明中国政府已兑现承诺,2014年APEC会议周碳中和林项目已完成全部造林任务。

五、中国绿色碳汇基金会林业碳汇自愿交易试点

(一)全国首个林业碳汇自愿交易试点

经国家林业局同意,中国绿色碳汇基金会与华东林业产权交易所先行开展林业碳汇交易试点,旨在推动林业碳汇自愿交易,积极应对全球气候变化。2011年11月1日,试点启动仪式在浙江省义乌市国际博览中心举行。在交易现场,阿里巴巴、歌山建设、德正志远、凯旋街道、杭州钱王会计师事务所、富阳木材市场、龙游外贸笋厂、建德宏达办公家具、浙江木佬佬玩具、杭州雨悦投资等10家企业,签约认购了中国绿色碳汇基金会提供的、经林业碳汇注册平台注册的首批14.8万吨林业碳汇减排量,并获得华东林业产权交易所颁发的林业碳汇交易凭证。

华东林业产权交易所经浙江省政府批准于2010年12月6日成立,主要从事林权交易、原木等大宗林产品交易等,旨在配套全省林权制度配套改革,建立全省统一、规范、公开的森林资源资产交易平台,是中国绿色碳汇基金会唯一合作开展林业碳汇自愿交易试点的合作机构。

(二)全国首个农户森林经营碳汇交易体系

2014年10月14日,中国绿色碳汇基金会、浙江省林业厅和临安市人民政府在临安市共同主办"农户森林经营碳汇交易体系发布会"。

根据国内外林业碳汇交易的政策与规则,考虑集体林权制度改革后农民一家一户经营森林的实际情况,开发碳汇交易既满足可持续经营森林、又要满足产生二氧化碳增量;既要让林农得到实惠,也要监督林农落实经营管理要求。该体系由(1)管理办法;(2)《农户森林经营碳汇项目方法学》和《农户森林经营碳汇项目经营与监测手册》;(3)碳汇减排量测算;(4)项目注册平台;(5)农户将碳汇减排量托管到交易所;(6)交易销售碳汇减排量共6部分组成,形成一个环环相扣,符合中国农户森林经营现状的碳汇交易体系,实现农户森林经营项目的碳汇减排量交易。企业和个人均可以购买用于碳中和或消除碳足迹。

该体系在临安落地试点,形成"临安农户森林经营碳汇交易体系"的框架内容和运行模式。首批42户农民森林经营所产生的碳汇减排量,由中国建设银行浙江省分行以每吨30元的价格购买,用于抵消全行办公系统2013

年的碳排放，实现碳中和目标。这套交易体系的研发和成果，不仅仅是碳汇交易模式的创新，重要的是使当地林农得到了实惠，真正实现了森林生态服务货币化。

六、中国绿色碳汇基金会"绿化祖国·低碳行动"植树节

广泛动员社会公众积极参与义务植树、绿化国土活动，是我国改善生态环境、加快现代林业建设的伟大创举和重大战略举措。30多年来开展的全民义务植树运动，成就巨大、成效显著，为世界各国保护环境、改善生态，增汇减排、应对气候变化，共同维护绿色地球家园做出了典范，并在国际上赢得广泛赞誉和话语权。

然而，我国的生态环境仍然比较脆弱，全国尚有约数千万公顷宜林地需要造林绿化。而这些宜林地大多地处偏远山区且立地条件差，水资源短缺，适生树种少，造林难度大，专业化要求高。非专业的城乡公民亲自前往植树造林不仅成本高、碳排放多，而且苗木成活率低、栽植效果差。

为此，中国绿色碳汇基金会在2011年3月11日，创办了"绿化祖国·低碳行动"植树节，为广大公众搭建一个"足不出户，低碳造林"，履行义务植树的专门平台。公众通过这个平台，按照自己的意愿选择造林地点和植树株数，通过捐资"购买碳汇"履行植树义务。碳汇基金会现已在全国部署了70个人捐资"购买碳汇"义务植树造林基地，并开发了相应的网络及手机操作平台。捐资完成，可自动生成电子版"购买凭证"，获知碳汇量消除碳足迹。这种义务植树方式与消除碳足迹结合，简便易行，提高尽责率，同时，所捐资金由碳汇基金会组织专业造林，不仅保证苗木成活率和造林质量，还能减少公民个人到现场植树以及组织相关活动而造成的碳排放，这是目前国际上倡导的低碳植树造林的有效方式。至2015年12月，中国绿色碳汇基金会已连续成功举办了5届"绿化祖国·低碳行动"植树节公益活动，在国内外产生了巨大的影响力。

七、中国绿色碳汇基金会碳汇城市指标体系

为贯彻国家应对气候变化战略部署，推进城市低碳转型，特别是促进那些森林覆盖率高、生态服务功能强、工业不发达、温室气体排放少的地区适应气候变化，中国绿色碳汇基金会于2012年初委托北京林业大学组织专家团队，经过1年多的研究，借鉴了国内外低碳城市标准、国家森林城市标准、园林城市标准、全国环境优美乡镇考核标准、国家级生态县建设指标等生态文明建设标准和指标，编制了碳汇城市指标体系，并于2013年2月通过专家评审。之后在南北方选择了有代表性的四个城市进行试点测试。在试点测试的基础上，专家团队对碳汇城市指标体系开展了2年的修改完善。

2015年6月8日，中国绿色碳汇基金会发布了碳汇城市指标体系，并公布了首批碳汇城市名单。根据碳汇城市指标体系，经过第三方机构独立评估、审核，河北省张家口市崇礼县和浙江省温州市泰顺县均达到碳汇城市的合格标准。中国绿色碳汇基金会授予这两个县"碳汇城市"称号。

该体系以国家低碳发展、节能减排，生态优先的要求为前提，以遵循客观性、科学性、可比性、可操作性构建指标体系为原则，以碳汇/碳源为主线，以城市制度建设、经济发展和生态文明建设为基础，确定了管理考核指标和量化考核指标。该指标体系还设置了创新的指标。由于碳汇涉及农林业、土地利用变化、湿地保护等内容，而碳源涉及能源排放及包括垃圾处理、建筑材料和施工排放等的城市废弃物，以及国家的统计指标不够完善等诸多因素，该体系设置了"汇/源"比作为一项重要指标，分平原、丘陵、山区、半山区等不同地貌进行测算。分地貌，碳汇/碳源比要达到40%~60%才是合格。

参考文献

[1]姜程.首个碳汇城市指标体系在京发布，全国首批碳汇城市诞生[N/OL].新华网，2015-6-9.

第八章　低碳发展

一、低碳、低碳生活与低碳发展

低碳是指较低的二氧化碳排放。低碳概念是在积极应对全球气候变化，有效控制温室气体排放，尤其是减少二氧化碳排放的背景下提出的。由于国情、发展阶段以及排放水平的不同，目前国际社会对"低碳"的认识主要有以下三种不同的解释：一是"零碳"，即不排放二氧化碳；二是"减碳"，即二氧化碳排放量的绝对量减少；第三是"降碳"，即二氧化碳排放量的相对量减少，目前主要表现为二氧化碳排放强度的降低，如降低单位 GDP 或单位产品的二氧化碳排放。由于人类社会对化石能源的依赖不可能短期内完全摆脱，因此低碳不仅是一种反映状态的指标，更是一个衡量发展水平的指标，实质上是一个"低碳化"的过程。

低碳生活就是提倡借助低能量、低消耗、低排放的生活方式，把生活耗用能量降到最低，从而减少二氧化碳的排放，保护全球气候不再持续变暖。对普通市民来说，平时注意省电、省水、垃圾回收以及绿色出行等，就是积极实践低碳生活。

低碳发展是指在可持续发展理念指导下，通过技术和制度创新、产业转型和消费模式转变、低碳和清洁能源开发、植树造林和森林管理等多种手段，尽可能增加碳吸收、降低碳排放，达到经济社会发展与保护全球生态环境的经济社会发展模式。走低碳发展道路，是加快转变经济发展方式、有效控制温室气体排放的"双赢之策"和必由之路。对低碳发展模式的探索，就是探索未来可持续发展的可能道路，就是破解能源资源和温室气体排放约束的世纪性难题。[1]

二、低碳能源、低碳产业与低碳技术

低碳能源是指单位热值的能源利用中二氧化碳排放较低的能源品种。通过发展非化石能源，包括风能、太阳能、核能、地热能和生物质能等替代煤、石油等化石能源以减少二氧化碳排放。

低碳产业是以低能耗、低排放为基础的产业。在传统社会主义经济学理论中，产业主要指经济社会的物质生产部门，产业是具有某种同类属性的企业经济活动的集合。一般而言，每个部门都专门生产和制造某种独立的产品，某种意义上每个部门也就成为一个相对独立的产业部门，如农业、工业、服务业等。相对于工业而言，农业、林业、服务业的单位增加值二氧化碳排放相对较低，是低碳产业；相对于钢铁、建材、化工等而言，高新技术产业、战略性新兴产业的单位增加值二氧化碳排放相对较低，是低碳行业。

低碳技术是指以能源及资源的清洁高效利用为基础，以减少或消除二氧化碳排放为基本特征的技术，广义上也包括以减少或消除其他温室气体排放为特征的技术。一是零碳技术，是指获取和利用非化石能源，实现二氧化碳近"零排放"的技术，是作为源头控制的低碳技术，主要包括可再生能源和先进民用核能技术；二是减碳技术，指在化石能源利用或在工业生产过程中，降低二氧化碳排放量的技术，是作为过程控制的低碳技术，主要包括节能和提高能效技术、燃料和原料替代技术等；三是储碳技术，指在二氧化碳产生以后，捕获、利用和封存二氧化碳的技术，是作为末端控制的低碳技术，主要包括二氧化碳捕集、利用与封存技术以及生物与工程固碳技术。[1]

三、低碳经济、绿色发展与循环发展

低碳经济是一种以能源的清洁与高效利用为基础、以低排放为基本经济特征、顺应可持续发展理念和控制温室气体排放要求的经济发展形态。这种新模式是人类社会继农业文明、工业文明后又一重大进步。由于全球气候变暖，现在世界各国都开始推行低碳经济模式，各行业正在改变不环保的生产或经营方式，共同推进节能减排。

绿色发展是指人们在社会经济活动中，通过正确处理人与自然的关系，文明地、高效地实现对自然资源的永续利用，使生态环境持续改善和生活质量持续提高的一种生产方式或社会经济发展形态。

循环发展是指在生产、流通和消费等过程中进行的减量化、再利用、资源化等社会经济活动的总称。

四、低碳社区与低碳社区试点

低碳社区是指通过构建气候友好的自然环境、房屋建筑、基础设施、生活方式和管理模式，降低能源资源消耗，实现低碳排放的城乡社区。为加强

低碳社会建设，倡导低碳生活方式，推动社区低碳化发展，2014年，国家发展改革委决定组织开展低碳社区试点工作，并计划到"十二五"末，全国开展的低碳社区试点争取达到1000个左右，择优建设一批国家级低碳示范社区。低碳社区试点建设主要有六项内容：(1)以低碳理念统领社区建设全过程；(2)培育低碳文化和低碳生活方式；(3)探索推行低碳化运营管理模式；(4)推广节能建筑和绿色建筑；(5)建设高效低碳的基础设施；(6)营造优美宜居的社区环境。[1]

五、低碳城市与低碳社会

低碳城市是以城市空间为载体推进低碳发展，实施绿色交通和建筑，转变居民消费观念，创新低碳技术，从而达到最大限度地减少温室气体的排放。还有学者认为，低碳城市是以低碳经济为发展模式及方向、市民以低碳生活为理念和行为特征、政府以低碳社会为建设标本和蓝图的城市。

低碳社会是指适应全球气候变化、能够有效降低二氧化碳排放的一种新的社会整体型态，它在全面反思传统工业社会之技术模式、组织制度、社会结构与文化价值的基础上，以可持续性为首要追求，包括了低碳政治、低碳文化、低碳生活等系统变革。[1]

六、低碳城镇化

低碳城镇化是新型城镇化建设的重要内容，是提高城镇化质量、控制温室气体排放的重要实现路径，也是经济社会发展的必然趋势，是社会文明进步的重要标志。

低碳城镇化的内涵是在城镇化建设过程中，坚持可持续发展原则，通过制定低碳科学的城镇规划，建立低碳的城镇基础设施，形成低碳的能源消费结构，发展低碳经济，加强城镇生态环境的综合治理，尽可能减少城镇化建设对生态环境的影响，最终实现经济、社会、环境的协调发展。

积极稳妥推进城镇化，进行低碳城镇建设，应科学制定城镇综合规划和专项规划相衔接的低碳城镇化发展规划，提升城镇化质量，合理布局，促进大中小城市协调发展。

低碳产业和技术是未来城市竞争的制高点，要发展低碳产业的支撑作用，提升城镇低碳竞争力，充分发挥低碳科技的"第一生产力"作用，增强城市创新能力；要注重节能环保，打造清洁宜居城市低碳生活，积极顺应人民群众过上美好生活的愿望和良好生态环境的诉求，通过建设低碳示范社区，加强适应性管理和碳预算管理，打造低碳韧性城市，协同应对气候变化挑战，建设"美丽中国"。[2]

第九章 生态文明

一、生态文明概念

生态是自然界的存在状态,文明是人类社会的进步状态,生态文明则是人类文明中反映人类进步与自然存在和谐程度的状态。[3]

我国著名生态学家叶谦吉先生最早提出了生态文明的概念:生态文明就是人类既获利于自然,又还利于自然,在改造自然的同时又保护自然,人与自然之间保持着和谐统一的关系,这是从生态学及生态哲学的视角来看生态文明。[4]

生态文明是人类文明发展的一个新的阶段,即工业文明之后的文明形态;生态文明是人类遵循人、自然、社会和谐发展这一客观规律而取得的物质和精神成果的总和;生态文明是以人与自然、人与人、人与社会和谐共生、良性循环、全面发展、持续繁荣为基本宗旨的社会形态。

从人与自然和谐的角度,结合十八大中关于生态文明的重要表述,生态文明是:人类为保护和建设美好生态环境而取得的物质成果、精神成果和制度成果的总和,是贯穿于经济建设、政治建设、文化建设、社会建设全过程和各方面的系统工程,反映了一个社会的文明进步状态。

二、生态文明的内涵与特征

(一)生态文明的基本内涵

自生态文明提出以来,人们对它的内涵进行了广泛的探讨,形成了不同的理论认识,目前主要有两种理论视角和两种文明维度。

两种理论视角:一种是自然生态系统的视角,它把人及其社会系统看成是自然生态系统的一个子系统,来探讨人与自然的和谐关系。另一种是人类社会发展的视角,它从人类生存发展的需要出发,来探讨人与自然的和谐关系。

两种文明维度:一是从文明发展的历史形态上,把生态文明理解为是继采猎文明、农耕文明、工业文明之后一种新的文明形态。二是从文明构成的成分上，把生态文明理解为与物质文明、精神文明、政治文明并列的一种新的文明成分。[5]

(2) 生态文明的基本特征

生态文明的特征包括两个方面。在空间维度上，生态文明是全人类的共同课题。人类只有一个地球，生态危机是对全人类的威胁和挑战，生态问题具有世界整体性，任何国家都不可能独善其身，必须从全球范围考虑人与自然的平衡。在时间维度上，生态文明是一个动态的历史过程。人类发展的各个阶段始终面临人与自然的关系这一永恒难题，生态文明建设永无止境。人类处理人与自然的关系就是一个不断实践、不断认识的解决矛盾的过程，旧的矛盾解决了，新的矛盾又会产生，循环往复，促进生态文明不断从低级向高级阶段进步，从而推动人类社会持续向前发展。建设生态文明，就是要求人们要自觉地与自然界和谐相处，形成人类社会可持续的生存和发展方式。[3]

三、生态文明的本质

生态文明的本质要求是尊重自然、顺应自然和保护自然。尊重自然，就是要从内心深处老老实实地承认人是自然之子而非自然之主宰，对自然怀有敬畏之心、感恩之情、报恩之意，绝不能有凌驾于自然之上的狂妄错觉。顺应自然，就是要使人类的活动符合而不是违背自然界的客观规律。当然，顺应自然不是任由自然驱使，停止发展甚至重返原始状态，而是在按客观规律办事的前提下，充分发挥人的能动性和创造性，科学合理地开发利用自然。保护自然，就是要求人类在向自然界获取生存和发展之需的同时，要呵护自然、回报自然，把人类活动控制在自然能够承载的限度之内，给自然留下恢复元气、休养生息、资源再生的空间，实现人类对自然获取和给予的平衡，多还旧账，不欠新账，防止出现生态赤字和人为造成的不可逆的生态灾难。

四、生态文明建设的重要意义

习近平总书记指出，建设生态文明，关系人民福祉，关乎民族未来。他强调，生态环境保护是功在当代、利在千秋的事业。要清醒认识保护生态环境、治理环境污染的紧迫性和艰巨性，清醒认识加强生态文明建设的重要性和必要性，以对人民群众、对子孙后代高度负责的态度和责任，真正下决心把环境污染治理好、把生态环境建设好。这些重要论断，深刻阐释了推进生态文明建设的重大意义。

生态文明建设是关系我国全面建成小康社会、实现社会主义现代化和中华民族伟大复兴全方位全过程的一项神圣事业，我们必须从全局和战略高度，充分认识生态文明建设的重要性：

（1）生态文明建设是缓解资源环境压力，保持我国经济社会持续健康发展的现实需要。

（2）生态文明建设是维护代际公平，实现中华民族世世代代永续发展的必然要求。

（3）生态文明建设是坚持以人为本，不断满足人民群众日益增长的物质文化需要的内在要求。

（4）生态文明建设是中国特色社会主义理论的重大发展。[3]

五、习近平总书记关于生态文明的经典语录

党的十八大以来，习近平总书记从中国特色社会主义事业"五位一体"总布局的战略高度，对生态文明建设提出了一系列新思想、新观点、新论断。这些重要论述为中华民族永续发展和中华民族伟大复兴的中国梦规划了实现蓝图，也为建设美丽中国提供了根本遵循。现将习近平总书记关于生态文明的重要论述摘编如下：

（一）把脉人类文明发展——生态兴则文明兴，生态衰则文明衰

——生态环境保护是功在当代、利在千秋的事业。

——森林是自然生态系统的顶层，拯救地球首先要从拯救森林开始。

——森林是陆地生态系统的主体，是国家、民族最大的生存资本，是人类生存的根基，关系生存安全、淡水安全、国土安全、物种安全、气候安全和国家外交大局。必须从中华民族历史发展的高度来看待这个问题，为子孙后代留下美丽家园，让历史的春秋之笔为当代中国人留下正能量的记录。

——建设生态文明，关系人民福祉，关乎民族未来。

——生态环境方面欠的债迟还不如早还，早还早主动，否则没法向后人交代。为什么说要努力建设资源节约型、环境友好型社会？你善待环境，环境是友好的；你污染环境，环境总有一天会翻脸，会毫不留情地报复你。这是自然界的客观规律，不以人的意志为转移。

——我们在生态环境方面欠账太多了，如果不从现在起就把这项工作紧紧抓起来，将来会付出更大的代价。

——我国生态环境矛盾有一个历史积累过程，不是一天变坏的，但不能在我们手里变得越来越坏，共产党人应该有这样的胸怀和意志。

——生态环境问题是利国利民利子孙后代的一项重要工作，决不能说起来重要、喊起来响亮、做起来挂空挡。

——我们提出了建设生态文明、建设美丽中国的战略任务，给子孙留下天蓝、地绿、水净的美好家园。

——走向生态文明新时代，建设美丽中国，是实现中华民族伟大复兴的中国梦的重要内容。

（二）综合治理生态环境——山水林田湖是一个生命共同体

——我们要认识到，山水林田湖是一个生命共同体，人的命脉在田，田的命脉在水，水的命脉在山，山的命脉在土，土的命脉在树。

——如果破坏了山、砍光了林，也就破坏了水，山就变成了秃山，水就变成了洪水，泥沙俱下，地就变成了没有养分的不毛之地，水土流失、沟壑纵横。

——我们必须清醒地看到，我国总体上仍然是一个缺林少绿、生态脆弱的国家，造林绿化，改善生态，任重而道远。

——不可想象，没有森林，地球和人类会是什么样子。森林是陆地生态系统的主体和重要资源，是人类生存发展的重要生态保障。

——林业就是要保护好生态，谁破坏了生态，就要拿谁是问。

——原油可以进口，世界石油资源用光后还有替代能源顶上，但水没有了，到哪儿去进口？

——水稀缺，一个重要原因是涵养水源的生态空间大面积减少，盛水的"盆"越来越小，降水存不下、留不住。

——治水的问题，过去我们系统研究不够，"今天就是专门研究从全局角度寻求新的治理之道，不是头疼医头、脚疼医脚"。

——要着力推动生态环境保护，像保护眼睛一样保护生态环境，像对待生命一样对待生态环境。对破坏生态环境的行为，不能手软，不能下不为例。

——在生态环境保护上一定要算大账、算长远账、算整体账、算综合账，不能因小失大、顾此失彼、寅吃卯粮、急功近利。生态环境保护是一个长期任务，要久久为功。

——华北地区缺水问题本来就很严重，如果再不重视保护好涵养水源的森林、湖泊、湿地等生态空间，再继续超采地下水，自然报复的力度会更大。

(三)转变发展理念——绿水青山就是金山银山

——我们追求人与自然的和谐、经济与社会的和谐，通俗地讲，就是要"两座山"：既要金山银山，又要绿水青山。这"两座山"之间是有矛盾的，但又可以辩证统一。

——如果能够把这些生态环境优势转化为生态农业、生态工业、生态旅游等生态经济的优势，那么绿水青山也就变成了金山银山。

——在实践中对绿水青山和金山银山这"两座山"之间关系的认识经过了三个阶段：第一个阶段是用绿水青山去换金山银山，不考虑或者很少考虑环境的承载能力，一味索取资源。第二个阶段是既要金山银山，但是也要保住绿水青山，这时候经济发展与资源匮乏、环境恶化之间的矛盾开始凸显出来，人们意识到环境是我们生存发展的根本，要留得青山在，才能有柴烧。第三个阶段是认识到绿水青山可以源源不断地带来金山银山，绿水青山本身就是金山银山，我们种的常青树就是摇钱树，生态优势变成经济优势，形成了一种浑然一体、和谐统一的关系。这一阶段是一种更高的境界，体现了科学发展观的要求，体现了发展循环经济、建设资源节约型和环境友好型社会的理念。

——绿水青山可带来金山银山，但金山银山却买不到绿水青山。

——我们既要绿水青山，也要金山银山。宁要绿水青山，不要金山银山，而且绿水青山就是金山银山。我们绝不能以牺牲生态环境为代价换取经济的一时发展。

——"只要金山银山，不管绿水青山"，只要经济，只重发展，不考虑环境，不考虑长远，"吃了祖宗饭，断了子孙路"而不自知。

——保护生态环境就是保护生产力，改善生态环境就是发展生产力。

(四)惠及人民群众生活——良好的生态环境是最普惠的民生福祉

——小康全面不全面，生态环境质量是关键。

——环境就是民生，青山就是美丽，蓝天也是幸福。

——要体现尊重自然、顺应自然、天人合一的理念，依托现有山水脉络等独特风光，让城市融入大自然，让居民望得见山、看得见水、记得住乡愁。

——也有人说，现在北京的蓝天是APEC蓝，美好而短暂，过了这一阵就没了。我希望并相信通过不懈的努力,APEC 蓝能够保持下去。

——人民群众对清新空气、清澈水质、清洁环境等生态产品的需求越来越迫切,生态环境越来越珍贵。我们必须顺应人民群众对良好生态环境的期待,推动形成绿色低碳循环发展的新方式,并从中创造新的增长点。

——经济要上台阶,生态文明也要上台阶。我们要下定决心,实现我们对人民的承诺。

——走向生态文明新时代,建设美丽中国,是实现中华民族伟大复兴的中国梦的重要内容。

(五)建立生态文明制度—实行最严格的制度,最严密的法治

——只有实行最严格的制度、最严密的法治,才能为生态文明建设提供可靠保障。

——要加快建立生态文明制度,健全国土空间开发、资源节约利用、生态环境保护的体制机制,推动形成人与自然和谐发展现代化建设新格局。

——推进生态文明建设下一步的出路主要有两条:一条是继续组织实施好重大生态修复工程,搞好京津风沙源治理、三北防护林体系建设、退耕还林、退牧还草等重点工程建设;一条是积极探索加快生态文明制度建设,探索编制自然资源资产负债表,对领导干部实行自然资产离任审计,建立生态环境损害责任终身追究制。

——按照尊重自然、顺应自然、保护自然的理念,贯彻节约资源和保护环境的基本国策,更加自觉地推动绿色发展、循环发展、低碳发展,把生态文明建设融入经济建设、政治建设、文化建设、社会建设各方面和全过程,形成节约资源、保护环境的空间格局、产业结构、生产方式、生活方式,为子孙后代留下天蓝、地绿、水清的生产生活环境。

——要积极探索推进生态文明制度建设,为建设美丽草原、建设美丽中国做出贡献。[6]

参考文献

[1] 国家应对气候变化战略研究和国际合作中心. 低碳发展及省级温室气体清单编制培训教材[M]. 2014.

[2] 王伟光,等. 应对气候变化报告 2013[M]. 北京:社会科学文献出版社,2013.

[3] 马凯. 坚定不移推进生态文明建设[N]. 求是杂志,2013-5-1(9).

[4] 徐春. 对生态文明的理论阐释[J]. 北京大学学报:哲学社会科学版,2010,46(1):

61-63.

[5]国家林业局.生态文明的发展历程和基本内涵[N/OL].中国林业信息网,2010-1-13.

[6]国家林业局.习近平生态文明经典语录[N/OL].中国林业网,2015-3-30.

第十章　绿化环保知识

一、世界地球日

2009年第63届联合国大会决议将每年的4月22日定为"世界地球日"。世界地球日最早起源于美国，1969年，美国民主党参议员盖洛德·尼尔森提议在全美高校举办环保问题讲演会，时年25岁的哈佛大学法学院学生丹尼斯·海斯由此提出在全美展开大规模社区活动的具体构想，得到众多青年学生的支持。该活动旨在唤起人类爱护地球、保护家园的意识，促进资源开发与环境保护的协调发展，进而改善地球的整体环境。1970年4月22日为第一个地球日。中国从20世纪90年代起，每年都会在4月22日举办世界地球日活动。

二、世界森林日

"世界森林日"，又被译为"世界林业节"，是每年的3月21日。这个纪念日始于1971年，在欧洲农业联盟的特内里弗岛大会上，由西班牙提出倡议并得到一致通过的。同年11月，联合国粮农组织（FAO）正式予以确认，以引起各国对森林资源的重视，通过协调人类与森林的关系，实现森林资源的可持续利用。

三、世界环境日

20世纪60年代以来，随着世界范围内环境污染与生态破坏问题的日益严重，环境保护逐渐成为国际社会关注的重要问题。1972年6月5日至16日，113个国家的1300名代表在瑞典首都斯德哥尔摩召开了联合国人类环境大会。为了纪念斯德哥尔摩会议和发扬会议精神，出席会议的全体代表建议把大会开幕的日子6月5日定为"世界环境日"。同年10月，第27届联合国大会根据斯德哥尔摩会议的建议，决定成立联合国环境规划署（下简称UNEP），并正式将6月5日定为"世界环境日"。从1974年起，UNEP每年都根据当年的世界主要环境问题及热点，有针对性地为世界环境日确立一个主题,并开展相关的宣传活动。[1]

四、全国低碳日

为普及气候变化知识,宣传低碳发展理念和政策,鼓励公众参与,推动落实控制温室气体排放任务,在2012年9月19日召开的国务院常务会议上,决定自2013年起,将每年6月全国节能宣传周的第三天设立为"全国低碳日"。2013年全国低碳日活动的主题是"践行节能低碳,建设美丽家园"。2014年全国低碳日活动的主题是"携手节能低碳,共建碧水蓝天"。2015年全国低碳日活动的主题是"城市宜居低碳 天人和谐自然。"

五、中国植树节

孙中山是中国近代史上最早意识到森林的重要意义和倡导植树造林的人。辛亥革命后,1915年(民国4年),在孙中山的倡议下,由农商部总长周自齐呈准大总统,以每年清明节为植树节,指定地点,选择树种,全国各级政府、机关、学校如期参加,举行植树节典礼并从事植树。

中华人民共和国成立后,1979年2月在第五届全国人民代表大会常务委员会第六次会议上,林业部部长罗玉川提请审议《森林法(试行草案)》和对"决定以每年3月12日为我国植树节"进行说明后,大会予以通过。[2]

六、各国植树趣闻

(一)从小植树

菲律宾政府规定,凡年满10岁以上的居民,必须在连续5年内,平均每年至少植1棵树,但不能一次性植完。马尔加什政府规定,凡12岁至55岁有劳动能力的男性居民,每人每年必须植树50棵。

(二)每户植树

墨西哥政府规定,每年的6月30日这天,全国所有家庭都要开展"每户一树"运动,即每户必须最少要植1棵树。尤其是有成员担任国家公务员的家庭,更应带头开展绿化活动。

(三)买车植树

日本的神户和大阪市规定,每个家庭每次增购一辆汽车就要栽植1棵树。因为汽车排放的二氧化碳和碳化合物对环境有污染,树木对消除污染有重要作用。

(四)求爱植树

法国的勃艮地有一种求爱风俗，每年的 4 月 30 日或 5 月 1 日，求爱中的小伙子必须送给自己心爱的姑娘 1 棵树，以表达爱慕之情。如果姑娘接受了此树，说明求爱成功。那么，小伙子就要另植 1 棵树作纪念。

(五)办婚证植树

印尼的爪哇岛规定，凡首次结婚的男女要先植两棵树。离婚后再婚的人必须再植 3 棵树，否则，不予办理结婚证手续。

(六)婚礼植树

日本长野县有一项法令规定，凡新婚夫妇都要在指定的地点参加营造"新婚者的森林"的婚礼纪念植树活动，每对夫妇要栽 6 棵树苗，然后把写有自己名字和结婚日期的漂亮标志牌挂在树旁，此外还要交纳树木养护费。

(七)埋胎盘植树

坦桑尼亚不少地区有一种风俗，谁家生了小孩子就把胎盘埋在屋外，并且在上面植上 1 棵树，表示小孩子像树一样茁壮成长。

(八)生孩植树

波兰的一些地方有一条植树规定，生孩子的家庭都要植 3 棵树，称为"添丁树"，表示添人进口之意。日本农村也流行这种风俗，还在树上挂上小孩照片，被称为"人生纪念树"。

(九)建房植树

印度西部的一些地区规定，凡申请建房者，必须同时保证新房建成后栽 5 棵树，才算工程完结。否则不办理建房手续，或建房验收不合格。

(十)悼念植树

在所罗门群岛上有一种风俗，如果哪家有人逝世，其家属要在死者的坟前植树 1 棵，以示悼念。同时，每年祭奠死者时，都要给这棵树除草、松土和培植，以寄托对死者哀思。[3]

七、我国控制温室气体的成效

2015 年 7 月 13 日，受英国外交部委托由英、美、中、印四国专家共同完成的《气候变化：风险评估》报告对外发布。报告在分析全球温室气体排放路径时，对中国近年来的减排成效予以了积极评价。报告认为，中国经过一系列努力，近年来中国碳排放量增速延续了 2005 年之后的下降趋势。截至 2014 年底，中国碳排放量增速已接近于零，碳强度相比于 2005 年下降了

33%。报告指出,中国政府主要通过以下四个方面的努力,行之有效地控制了碳排放的增长趋势。

一、中国不断提高主要经济部门的能效。截至2014年底,中国能源强度相比于2005年下降了30%。燃煤电厂每千瓦时发电煤炭消耗已经低于290克。中国最好的燃煤电厂能效已经达到世界顶级水平,所有电厂的平均能效在全球排位也不断上升。针对重点能耗企业开展"千家企业节能行动"后,5年来中国的减排量甚至超过欧盟在京都议定书框架下取得的减排量。

二、中国政府大力发展可再生能源。当前,中国在可再生能源领域的投资占全球总体投资规模的1/4。其中,中国风力发电装机总量占全球比重已超过30%,2014年新增风力发电装机总量占全球新增总量的近50%。2005年中国太阳能发电装机总量为700MW,2014年底已经飞速增长至28GW。专家预计,中国有可能在2015年底成为全球最大的太阳能发电国家。

三、中国治理大气污染带来的减排成效显著。在治理大气污染过程中,越来越多的中国地方政府开始限制煤炭用量。2014年,中国煤炭消耗量相比于2013年减少了2900万吨。中国在改善空气质量的同时,促进了碳排放量的稳定。另外,2009~2012年,中国42个省市参与国家低碳发展项目,这些省市的发展模式也开始积极影响其他地区选择替代发展模式。

四、中国政府积极促进全国范围内碳交易市场的建立。为进一步利用市场力量控制碳排放,在7个地方碳交易试点市场的基础上,中国政府将在2016年推动全国碳市场的建立。建成之后,中国的碳交易市场将成为全球最大的市场之一。

报告高度关注2014年11月中国与美国达成的针对2030年碳排放目标气候变化协议,认为这不仅是中国首次为自身明确设定总体碳排放目标,还将促进其他发展中国家的减排。报告指出,中国承诺在实现2030年减排目标的过程中,将把非化石燃料能源结构的比例提高20%左右。如果这一目标得以实现,考虑到中国国内庞大的能源需求和市场规模,未来非化石能源技术将取得更好的规模经济效应,这也将降低其他发展中国家采用非化石能源技术的成本压力,为这些国家提供更多的能源选择。[4]

八、湿地缓解气候变化的作用

作为温室气体的储存库、源和汇,湿地在缓解气候变化方面,发挥着重要作用。在减缓气候变化影响方面,湿地主要起到的作用一是在温室气体

（尤其是碳化合物）管理方面的作用；二是在物理上缓冲气候变化影响方面的作用。同时，湿地是气候变化的调节器，也是气候变化的指示器。

湿地在全球碳循环中发挥着重要作用。由于湿地特殊的生态特性，湿地在植物生长、促淤造陆等生态过程中积累了大量的无机碳和有机碳。湿地的碳循环过程一是湿地植物通过光合作用固定大气中的二氧化碳，二是植物死亡后的残体在微生物作用下分解转化，一部分转化为颗粒有机碳，一部分转化为可溶性有机碳，这些有机碳经过化学作用，一部分形成泥炭沉积下来。在湿地环境中，微生物活动弱，土壤吸收和释放二氧化碳十分缓慢，形成了富含有机质的湿地土壤和泥炭层，起到了固定碳的作用。湿地通过湿地植物的光合作用、二氧化碳在水中的溶解以及碳酸盐在土壤中的沉积吸收碳，而通过湿地动植物的呼吸作用、有机物分解释放的甲烷、溶解有机碳被还原后向大气中扩散的二氧化碳释放碳。有机物通过有氧呼吸实现能量转化，而湿地主要以厌氧条件为主，发酵和甲烷生成是两个最主要的厌氧过程。发酵过程通常由湿地中的厌氧菌来参与完成，而甲烷的生成也需要一些细菌（甲烷菌）参与完成。

湿地具有强大的固碳功能。沼泽通常在多水条件下，沼生植物死亡后，其植物残体分解缓慢或不易分解而使有机质聚集，通过泥炭化过程和潜育化过程形成沼泽土壤，其中潜育沼泽土的有机质含量多在10%～20%，而泥炭沼泽土的有机质含量可高达50%～90%。沼泽排水后泥炭分解作用会加快。

人类的活动已经在影响湿地的碳循环。如人类排干湿地进行造林、放牧等农业活动，围垦沿海湿地进行经济开发等。很多具有碳汇功能的湿地，已经变成碳源。有研究表明，湿地被垦殖后，不仅造成土壤有机碳的大量损失，而且有积碳的组成结构也发生很大变化，有机碳的可利用性大大降低。如果温度升高、降雨减少或土地管理措施引起湿地土壤变化，湿地固定碳的功能将大大减弱或消失，湿地将由"碳汇"变成"碳源"。湿地中有机残体的分解过程产生大量的有机气体，其中最重要的是温室气体二氧化碳和甲烷。这些温室气体源源不断地释放，绝大多数直接进入大气中。从全球角度看，如果沼泽全部排干，则碳的释放量相当于目前森林砍伐和化石燃料燃烧排放量的35%～50%。大气中二氧化碳和甲烷等温室气体的积累会加强温室效应的影响而使地球表面温度逐年上升，从而对全球气候产生重大影响。

泥炭湿地作为一种重要的湿地，有助于为河流提供安全的清洁水源。由于在厌氧条件下，极大限制了营养物质的转化和有机物质的分解。所以，尽管初级净生产量很低,但碳的储量仍不断增长,其容纳的碳是热带雨林碳储量的 3~3.5 倍。因而它也作为一个重要的碳库,对全球碳循环和抑制以及减缓全球变暖的速度具有重要作用。

湿地是极为重要的生态系统,保护与合理利用湿地的目标如不考虑气候变化,则不可能实现。如果湿地不断退化和丧失,将加速全球气候变化。保护和恢复湿地,减少温室气体排放,增加湿地对温室气体的吸收和储存,是减缓气候变化的一项重要措施。

九、低碳生活常识

(一)如何衡量个人生活的碳足迹

碳足迹是指企业、机构、活动、产品或个人在一定时间内直接或间接产生的温室气体排放总量。碳足迹主要由生产、经营、办公、生活过程中消耗能源或资源而产生的。以二氧化碳当量来衡量,产生的二氧化碳当量越多,碳足迹就越大;反之,则碳足迹就越小。

外出旅游次数的多少、路途的远近及选用的交通运输方式等;日常工作中使用电脑的习惯以及打印方式等;日常生活中个人饮食、衣着习惯,是否使用一次性产品,是否选择非当地或当季蔬菜水果等,都可以用来衡量我们日常生活的碳足迹。

根据北京凯莱美气候技术咨询有限公司研发的碳足迹计算器,个人生活中的碳排放数据如下:

每消耗 1 度电排放 0.96 千克二氧化碳;

每消耗 1 立方米煤气排放 0.71 千克二氧化碳;

每消耗 1 立方米天然气排放 2.17 千克二氧化碳;

每消耗 1 吨燃煤排放 1973.9 千克二氧化碳;

每使用 1 千克洗衣粉,排放 0.72 千克二氧化碳;

每集中供暖 1 立方米排放 32.6 千克二氧化碳;

每消耗 1 千克粮食,排放 0.94 千克二氧化碳;

乘坐飞机出行,每公里排放 0.28 千克二氧化碳;

乘坐火车出行,每公里排放 0.009 千克二氧化碳;

乘坐轮船出行,每公里排放 0.01 千克二氧化碳;

乘坐公共汽车出行,每公里排放 0.013 千克二氧化碳;

乘坐地铁出行,每坐 1 站排放 0.003 千克 二氧化碳;

乘坐私家车出行，每消耗1升汽油排碳2.34千克；

每消耗1千克纸制品，排放3.5千克二氧化碳；

(二)减少碳足迹

减少碳足迹的方法有很多。比如：

换节能灯泡。11瓦节能灯就相当于80瓦白炽灯的照明度，使用寿命要比白炽灯长6~8倍，不仅能大大减少用电量，还节约了更多资源，既省钱又环保。空调的温度设在夏天26℃左右，冬天18~20℃对人体健康比较有利，同时还可大大节约能源。

购买那些只含有少量或者不含氟利昂的绿色环保冰箱。丢弃旧冰箱时，打电话请厂商协助清理氟利昂。选择有"能效标识"的冰箱、空调和洗衣机，能效高，省电又省钱；购买小排量或混合动力机动车，减少二氧化碳排放；选择公交，减少使用小轿车和摩托车。

拼车：汽车共享，和朋友、同事、邻居同乘，既减少交通流量又节省汽油，减少污染、减少碳足迹。

购买本地食品：如今不少食品是通过航班进出口的，我们日常生活中可尽量选择本地产品，以免去空运环节，更为绿色。

参与碳补偿或碳中和。通过植树造林的方式，公众可以委托全国性公募基金会——中国绿色碳汇基金会开展碳汇造林或者其他减缓与适应气候变化的活动，如保护生物多样性、吸收二氧化碳的活动，对自己产生的碳足迹一定程度予以中和或补偿。

(三)全球气候变化影响粮食安全

我国农业具有人口多、资源压力大、地域类型复杂、各地气候差异明显等特点，这使我国农业成为气候变化影响最敏感的领域之一。气候变化主要通过温度、降水、二氧化碳浓度、极端气候事件等因素直接影响粮食生产，在不同的区域和不同的季节对粮食生产有不同的影响。

随着全球气候变暖，地表温度的上升会增加农作物的呼吸消耗，影响光合作用的进行，导致作物籽粒灌浆不充分，较高的温度还可能加快农作物的生育进程，甚至中断或终止作物的正常生育过程，严重影响作物的产量。同时，二氧化碳浓度升高导致大气温度升高，从而带来作物病、虫、草害的增加也直接影响农作物健康良性地生长。

全球气候变化加快了部分受影响区域内原有作物的发育进程，缩短了发育期，减弱了抵御气候波动的能力。特别是我国华东地区的大麦、小麦和油菜等作物，大多是早熟品种，随着冬季气候的变暖，作物越冬期也相应地缩短，作物返青拔节的时间也随着气候的变暖而提前，从而减弱了植株的抗寒能力，造成了作物更易遭受冻害的侵袭，作物产量受到严重损害，这为我国种植制度的调整提出新挑战。

随着全球气候变化，气温上升、二氧化碳等温室气体浓度增加、区域热量条件改变等直接影响作物生长的外部环境发生着细微的变化。这些变化直接影响到作物的生长。就作物生长需求的环境条件而言，气候变暖使低温冷害等灾害减少、作物春季物候期提前、种植期延长、生长期内的热量充足，一定程度上也促进了作物的生长，有利于粮食的生产。

（四）低碳生活之绿色建筑

绿色建筑是指在建筑的全寿命周期内，最大限度地节约资源（节能、节地、节水、节材），保护环境和减少污染，为人们提供健康、适用和高效的使用空间，以及与自然和谐共生的建筑。研究显示，城市里的碳排放，60%来源于建筑维持功能本身，而交通汽车只占到30%。具体到房地产行业就更是能耗大户。统计数据显示，中国每建成1平方米的房屋，约释放出0.8吨碳。另外，在房地产的开发过程中，建筑采暖、空调、通风、照明等方面的能耗都参与其中，碳排放量最大。中国幅员辽阔，从南到北跨越了热带、亚热带、暖温带、温带、寒带等气候带，不同地域的气候差异较大。要充分考虑当地的实际情况，因地制宜。因此，绿色建筑设计时的选址也很讲究，首先应避免侵占森林、耕地和绿地，要优先考虑城市废弃的建设用地。

在节能环保日益重要的今天，各种环保节能材料纷纷涌现，建筑节能材料的广泛应用以及环保建材的发展成为未来的趋势，如本尼纤维挤塑板、太阳能光电幕墙等。另外，墙面绿化和阳台绿化都是立体绿化的手段，可以吸尘、减少噪音和有害气体，营造和改善城区生态环境。

（五）低碳生活之绿色办公

"低碳生活"对每个人来说都是举手之劳，比如我们的办公电脑，调低电脑屏幕亮度，在不用电脑的时候待机或者关机，这些平常想不到的小事儿，都是减少二氧化碳排放的办法。据测算，调低屏幕亮度，每台笔记本电脑每年可节电15度，相当于减排二氧化碳14.6克。购买节能型办公电器和设备，例如电脑、打印机等，这不仅有利于节能还省钱。其次，要尽量采购最环保的产品和服务，尽量多使用租赁形式。据测算，每台使用中的电脑，一年排放出100千克的二氧化碳。显示器的屏幕应根据需求而定，小尺寸更节能。

办公室在购置设备时，应考虑让打印、复印、传真等功能一体化。据统计，办公室内广泛使用打印机、扫描仪、复读机、传真机，每台平均会带来28.8千克的二氧化碳排放，改用一体机能够极大地节约资源。如果设置纸张双面打印、复印，每年全国可减少耗纸约5.1万吨，节能6.4万吨标准煤，相应减排二氧化碳16.4万吨。

日常各办公部门在印刷或者打印资料前应该考虑部门用量，认真估算需印刷信息所需要的印刷量，这样做，在节省开支的同时也避免了浪费。据统计，每制造1千克的纸，就需要消耗2.7千克木材、130克石灰、85克硫、40克氯和大量的水。另外，在办公室尽量不用饮水机，不用的时候要关掉电源，多喝常温水也是低碳生活的一种方式。

用网络视频会议代替商务出行会议，可避免因出访外地搭乘飞机、火车或渡轮所排放的温室气体，还可节省商务出行的时间和费用。针对使用网真（网络仿真技术）技术的大型公司的研究表明，美国和英国的大型组织正使用网真技术代替商业旅行会议，这种做法可减少近5.5吨二氧化碳的排放。

（六）低碳生活之低碳出行

随着居民生活水平的提高，私家车越来越多，不仅使交通拥堵，而且还使得空气质量下降。据统计，交通所产生的二氧化碳占温室气体排放量的30%以上。汽车尾气的主要成分是二氧化碳、一氧化碳，汽车数量的增加导致了更多尾气的排放，除了危害人体健康、污染环境，还导致空气中二氧化碳含量的增加。

在我们日常生活中，城市里的短途出行应多使用公交车、地铁、轻轨等公共交通，它们比私家车更低碳。据测算，行驶10公里，私家车的碳排放量为2.45千克/人；公共汽车的碳排放量为0.13千克/人；地铁或者轻轨的碳排放量为0.02千克/人。公交车的人均碳排放量约是私家车的1/19。

"顺风车"是在21世纪比较流行的词语，是指搭便车、顺路车、拼车的意思。"顺风车"之所以比公交、出租车更受人欢迎之处在于它的节能环保，减缓交通压力，使政府、社会都受益。在交通拥堵的大城市，汽车尾气是整个污染源的37%，汽车发动机每燃烧1千克汽油，就要消耗15千克新鲜空气，同时排出150克~200克一氧化碳、4克~8克碳氢化合物、4克~20克氧化氮等污染物。"顺风车"既能改善城市环境污染的现状，打破多年来困扰汽车污染的坚冰，又符合国家倡导的节能减排的精神；同时又有效的利用道路资源，减少交通拥堵，缓解交通压力，从而提高了工作效率。

（七）低碳生活之新能源

新能源包括各种可再生能源和核能，又称非常规能源，是指传统能源之外的各种能源形式。相对于传统能源，新能源普遍具有污染少、储量大的特点，对于解决当今世界严重的环境污染问题和资源（特别是化石能源）枯竭问题具有重要意义。未来，石油、煤矿等矿物资源将加速减少，核能、太阳能等新能源将成为主要能源。太阳能资源丰富，能源潜力巨大。每年辐射能约等于131万亿吨标准煤产生的能量，是可开发的最大能源。

1. 太阳能

太阳能的光热利用是指将太阳辐射能收集起来，通过与物质的相互作用转换成热能加以利用。目前使用最多的太阳能收集装置主要有平板集热器、真空管集热器和聚焦集热器。通常根据所能达到的温度和用途的不同，而把太阳能光热利用分为：低温利用（小于200℃）、中温利用（200～800℃）和高温利用（大于800℃）。

太阳能的光电转换是指太阳的辐射能光子通过半导体物质转变为电能的过程，通常叫做"光生伏打效应"，太阳能电池就是利用这种效应制成的。当太阳光照射到半导体上时，其中一部分被表面反射掉，被吸收光的一部分变成热，另一些光子则同组成半导体的原子价电子碰撞，并以这种形式转变为电能。太阳能电池分为单晶硅太阳能电池（坚固耐用，使用寿命一般可达20年，光电转换率为15%），多晶硅太阳能电池（光电转换率为14.5%，材料制造简便，节约电耗），非晶硅太阳能电池（光电转换率为10%，成本低，质量轻）。

对于我们普通居民来讲，太阳能热水器是最适用的，它节能、环保、安全，而且可节省日常用于加热水的电费、气费90%，家庭开支大大减少。据计算，每台家用太阳能热水器使用15年，将会减少由于燃烧向大气排放的二氧化碳26吨，一氧化碳136吨，粉尘1120吨，二氧化硫353吨，氮氢化合物908吨。

2. 风能

风能为可再生的清洁能源，便于利用；太阳能每年传给地球的辐射能约有2%转化为风能，蕴藏量大；风能设施日趋进步，大量生产降低成本，在适当地区，风力发电成本已低于传统发电机；风能设施多为不立体化设施，可保护陆地和生态环境。

风能作为一种无污染和可再生的新能源有着巨大的发展潜力，特别是对沿海岛屿、交通不便的边远山区、地广人稀的草原牧场，以及远离电网和近期内电网还难以达到的农村、边疆，作为解决生产和生活能源的一种可靠途径，有着十分重要的意义。

3. 水能

水能利用的原理是指水的落差在重力作用下形成动能，从河流或水库等高位水源处向低位处引水，利用水的压力或者流速冲击水轮机，使之旋转，从而将水能转化为机械能，然后再由水轮机带动发电机旋转，切割磁力线产生交流电。广义的水能资源包括河流水能、潮汐水能等能源。河流水能指河流的水能资源，是常规能源、一次能源，是人们目前最易开发和利用的比较成熟的水能。潮汐水能与普通水力发电原理类似，在涨潮时将海水储存在水库内，以势能的形式保存，然后在落潮时放出海水，利用高、低潮位之间的落差带动发电机发电。

4. 生物质能

生物质能来源于生物质，也是太阳能以化学能形式贮存于生物中的一种能量形式，直接或间接地来源于植物的光合作用。生物质能利用的原理是通过生物质的厌氧发酵制取甲烷（沼气），用热解法生成燃料气、生物油和生物炭，从而提供燃料，具有分布广、低污染、总量丰富等特点。

5. 核能

核能是指通过核物质的质量，从原子核释放的能量。核能发电与火力发电的不同之处在于蒸汽供给系统，核电站利用反应堆中核燃料裂变反应释放的大量热能，其反应堆也称为原子能反应炉。目前全世界的核能利用呈现提升势头，核能发电的优点包括：不会造成空气污染；不会产生二氧化碳等温室气体；核燃料能量密度高，运输与储存都很方便；核能发电所使用的铀燃料，除了发电外，没有其它用途。核能发展潜力巨大，燃料费用在发电成本中比例较低，不易受到国际经济形势变化的影响。但是，核能使用也存在一定风险。核能发电会产生放射性废料，需慎重处理避免外泄。核能使用会向环境中排放废热，有一定的热污染。

（八）低碳生活之环境规划

统计数据显示，在总污染源中，工业污染只占41%，而生活污染高达59%。因此，建设城市绿色社区是非常必要的。

城市绿色社区要根据合理的人均居住面积，以及合理的道路、绿化、资源、能源等指标，使人类活动和人类需求不至于超过小区环境所能承受的容量。同时，绿色低碳社区能提供文化教育、商业服务、医疗保障等配套功能。

建设城区绿色社区必须根据循环再生原则，提高资源和能源的利用率。通过合理设计建筑形体、朝向、遮阳方式和窗墙面积比，充分利用自然通风，采用节能维护结构与高效环境维持设备，在经济适宜的条件下充分利用太阳能、地热、风能等可再生资源，提高建筑能源综合利用效率；通过制定相应的方案，努力提高水循环利用率，减少污水排放量。如采用雨水、污水分流网管系统，并设置污水处理站；在节水方面，小区应建立完善的雨水收集系统及中水回用系统，提倡使用节水器具，如节水型马桶，节水龙头等。

建设城区绿色社区，应注重社区绿地系统建设。绿地不仅具有美化景观的作用，同时又具有增氧降碳、调节小气候、净化空气、降低噪音、提供休憩场所的功能。研究表明，树木的生态效益是草坪的 3~10 倍，复合绿地系统的生态效益远高于单一的草坪，因此应采用"乔、灌、花、草"相结合的多层次复合绿地系统，充分发挥其生态功能

（九）低碳超市的特征及措施

低碳超市与普通超市相比，它从供应原料、采购、零售、废物弃置等各个环节都减少碳排放。首先，在供应原料上遵守售卖对环境有利的商品原则，如有机蔬菜、水果等；其次，低碳超市还更新了采购方式，过去通过批发商、分销商供货，现在采用"农超对接"（即农户和商家签订协议，由农户向超市直接供应农产品）。

低碳超市要帮助顾客戒除以高耗能为代价的"便利消费"的嗜好。例如超市中的照明灯具全部选用 LED 节能灯，弃用敞开式冰柜，以玻璃门冰柜代替。据估算，通过这些措施，低碳节能超市与普通超市相比，可节约 40% 的用电量。据制冷技术专家估算，超市电耗 70% 用于冷柜，而敞开式冷柜电耗比玻璃门冰柜高出 20%。由此推算，一家中型超市敞开式冰柜一年多耗电约 4.8 万度，相当于多耗约 19 吨标准煤，多排放约 48 吨二氧化碳。

低碳超市可以通过设计天窗充分利用自然光，选用可循环利用材料包装商品等方式节能。"限塑行动"也是低碳超市的节能举措，它的意义在于节约塑料的来源——石油，减排二氧化碳。2007 年 9 月，科技部向全社会公布《全民节能减排手册》，提倡选择科学合理、节约能源的绿色生活方式。据

该手册计算，全国减少10%的塑料袋，可节省生产塑料袋的能耗约1.2万吨标准煤，可减排31万吨二氧化碳。

（十）保护环境，始于足下

在欧洲，很多人为了减少因驾车带来的空气污染而愿意骑自行车上班，这样的人被视为环保卫士而受到尊敬。美国的当地报纸经常动员人们去超市购物时，尽量多买一些必需品，减少去超市的次数，以便节省汽油，同时减少空气污染。在美国，颇有影响的自行车协会一直呼吁政府在建公路时修自行车道。在德国，很多家庭喜欢和近邻用同一辆轿车外出，以减少汽车尾气的排放。在伊朗，为洁净城市空气，首都德黑兰规定了"无私车日"。在这一天，伊朗总统也和市民一样乘公共汽车上班。

（十一）1公顷森林的价值

1年能吸收固定6~60吨二氧化碳，释放5~27吨氧气。

1年大约可吸收尘埃330~900吨。1个月吸收二氧化硫约60千克。

1天大约能分泌出30千克杀菌素，可杀死白喉、伤寒、痢疾、肺结核等多种病菌。

防风林可以使100公顷农田免受风灾之害。

有林地比1公顷无林地大约多蓄水300吨。

每年可提供约6立方米木材，还提供饲料、油料、薪炭材等。

如果没有森林，地球上70%的淡水将白白流入大海，很多地区特别是平原地区的风俗将增强60%~80%。

（十二）节约用水，珍惜水资源

我国是世界上12个极度贫水国家之一，淡水资源还不到世界人均水量的1/4。全国600多个城市半数以上缺水，其中108个城市严重缺水，地表水资源的稀缺，造成了对地下水资源的过量开采。

地球表面的70%是被水覆盖着的，约有14亿立方千米的水量，其中有96.5%是海水。剩下的虽是淡水，但其中一半以上是冰，江河湖泊等可以直接利用的水资源，仅占整个水量的0.003%左右。

（十三）环境污染的分类

海洋污染。主要是从油船与油井泄露的原油、农田用的杀虫剂和化肥、工厂排出的污水、矿场流出的酸性溶液等，不但使海洋生物受害，鸟类和人类也可能因吃了这些生物而中毒。

陆地污染。垃圾是陆地污染的主要来源。每天千万吨的垃圾中，很多是不能焚化和腐化的，如塑料、橡胶、玻璃、铝等废物，它们成了人类生活环境卫生的第一号敌人。

空气污染。主要来自工厂、汽车、发电厂等排放出的一氧化碳、二氧化硫和硫化氢等，污染空气、破坏大气层，很多人因接触了这些污染空气而染上呼吸器官或视觉器官的疾病。

（十四）用无氟制品，保护臭氧层

臭氧层能吸收紫外线，保护人和动物免受其伤害，氟利昂中的氯原子对臭氧层具有极大的破坏作用，它能分解吸收紫外线的臭氧，使臭氧层变薄。强烈的紫外线照射会损害人和动物的免疫功能，诱发皮肤癌和白内障。1994年，人们在南极观测到了至今为止最大的臭氧层空洞，它的面积约有2400平方千米。据有关资料表明，位于南极臭氧层边缘的智利南部已经出现了农作物受损和牧场的动物失明的情况。北极上空的臭氧层也在变薄。

最早使用氯氟烃（CFC，氟利昂是CFC物质中的一类）的24个发达国家已签署了限制使用CFC的《蒙特利尔议定书》，1990年的修订案将发达国家禁止使用CFC的时间定位在2000年。1993年2月，我国政府批准了《中国消耗臭氧层物质逐步淘汰方案》，确定在2010年完全淘汰消耗臭氧层物质。

（十五）PM2.5的危害

PM2.5是指大气中直径小于或者等于2.5微米的颗粒物，也称可入肺颗粒物。PM2.5粒径小，富含大量的有毒、有害物质，且在大气中的停留时间长、输送距离远，因而对人体健康和大气环境质量的影响更大。

PM2.5主要对呼吸系统和心血管系统造成伤害，老人、小孩以及心肺疾病患者是PM2.5污染的敏感人群。据报道，PM2.5浓度每升高100微克每立方米，居民每日死亡率将增加12.07%。

据某心理健康教育咨询中心开展的雾霾天气对人心理状态的调查结果显示，雾霾环境中，48.65%的人会感到恐惧和害怕，62.36%的人会感到焦虑和烦躁，66.41%的人心情变得低落，61.78%的人认为雾霾天气会使自杀率增高。

PM2.5对空气质量和能见度等有重要的影响。能见度降低主要是由于微粒子和气态污染物对光的散射和吸收，使来自物体的光信号减弱。颗粒物的散射能造成60%~95%的能见度减弱，其中以PM2.5及其所含硫酸盐、硝酸盐及炭黑最为重要。

（十六）饮水机不用时请断电

据统计，饮水机每天真正使用的时间约9个小时，其他时间基本闲置，近三分之二的用电量因此被白白浪费掉。在饮水机闲置时关掉电源，每台每年节电约 366 度，相应减排二氧化碳 351 千克。如果对全国保有的约 4000 万台饮水机都采取这一措施，那么全国每年可节电约 145 亿度，减排二氧化碳 1405 万吨。

（十七）淋浴替代盆浴并节省洗浴时间

盆浴是极其耗水的洗浴方式，如果用淋浴代替，每人每次可节水 170 升，同时减少等量的污水排放，可节能 3.1 千克标准煤，相应减排二氧化碳 8.1 千克。如果全国 1 千万盆浴使用者能做到这一点，那么全国每年可节能约 574 万吨标准煤，减排二氧化碳 1475 万吨。

（十八）废旧电器的危害及预防措施

电视机、电脑、饮水机、电冰箱、空调等废旧电器污染隐患巨大。这些废旧电器，含有铅、镉、汞、聚氯乙烯塑料等大量有害有毒物质。电视机的显像管、射线管和塑料外壳等都含有有害物质。

制造一台电脑需要 700 多种化学原料，其中 50% 以上对人体有害。一台电脑显示器中仅铅含量平均就达到 1 公斤多。在自然状态下，铅不会直接被人体吸收，但如果含铅的废弃机屏被随意埋在土壤里，酸雨或酸液会使铅流失，污染环境。

目前，很多废旧电器的销毁处理还局限于作为普通垃圾被填埋，或在不具备环保技术和条件的小作坊里被拆解回收。结果，大量有害物质直接排入河流、渗入地下，或通过燃烧排放到空气中，形成严重的污染。

减少废旧电器的污染首先是公众和政府要提高认识，与此同时，作为电器用户，无论是个人或单位都应提高自觉性，废旧电器不要乱丢弃，也尽量不要卖给不法商贩，尽可能让生产企业或正规拆解的部门回收。

（十九）焚烧落叶、树枝的潜在污染

焚烧落叶、树枝会污染空气，危害人体健康。许多树的叶子能分泌油脂和黏液，这种分泌物能滞留在空气中。燃烧时树叶上的这些有害物质会随着烟雾混入空气，同时还会产生大量的一氧化碳和致癌物。

焚烧落叶、树枝容易引发火灾。如果在树下点燃树叶，如遇大风，后果不堪设想。焚烧树叶时产生的烟雾，既影响市容，也会对行人和行驶的车辆造成一定的影响，引发交通事故。

参考文献

[1] 张樵苏. 世界环境日[N/OL]. 新华网，2015-6-5.

[2]国家林业局.中国植树节的由来[N/OL].中国林业网,2012-2-9.
[3]刘汉琴.各国植树趣闻[N].中国民族报,2005-3-11.
[4]蒋华栋.英国独立科研报告:中国有效控制了碳排放增长[R/OL].中国经济网,2015-7-16.